高等学校电子与通信类专业“十三五”规划教材

电工电子技术课程设计

主　编　徐英鸽

副主编　任继红　张　宇

参　编　孙长飞　杨　婷

寇雪芹　王亮亮

西安电子科技大学出版社

内 容 简 介

本书共7章，主要内容包括电工电子技术课程设计基础、常用电工电子元器件和仪器、电工技术课程设计、模拟电子技术课程设计、数字电子技术课程设计、Multisim 10.0 软件及应用、电工电子技术课程设计题目选编等。

本书可作为高等学校各专业电工电子技术课程设计的教材，也可作为大学生参加全国大学生电子设计竞赛的参考书，还可作为电工电子技术工程技术人员及广大电工电子技术爱好者的参考书。

图书在版编目(CIP)数据

电工电子技术课程设计/徐英鸽主编. —西安：西安电子科技大学出版社，2015.9(2017.3 重印)
高等学校电子与通信类专业“十三五”规划教材
ISBN 978-7-5606-3861-4

Ⅰ. ① 电… Ⅱ. ① 徐… Ⅲ. ① 电工技术—课程设计—高等学校—教材 ② 电子技术—课程设计—高等学校—教材 Ⅳ. ① TM-41 ② TN-41

中国版本图书馆 CIP 数据核字(2015)第 233419 号

策　　划　戚文艳
责任编辑　戚文艳
出版发行　西安电子科技大学出版社(西安市太白南路 2 号)
电　　话　(029)88242885　88201467　　邮　　编　710071
网　　址　www.xduph.com　　电子邮箱　xdupfxb001@163.com
经　　销　新华书店
印刷单位　陕西大江印务有限公司
版　　次　2015 年 9 月第 1 版　2017 年 3 月第 2 次印刷
开　　本　787 毫米×1092 毫米　1/16　印　张　8.5
字　　数　198 千字
印　　数　2001～4000 册
定　　价　15.00 元
ISBN 978-7-5606-3861-4/TM

XDUP 4153001-2

如有印装问题可调换

前　言

电工电子技术课程设计是配合电工学课程与电工电子实验教学的一个非常重要的实践教学环节。通过对该环节的学习，巩固和加深学生在电工学课程中所学的理论知识及电工电子实验课中所掌握的实验技能，掌握常用电子仪器仪表的使用方法，体会电子电路的设计、安装和调试过程，培养学生综合运用所学理论知识解决实际问题的能力。

本书共7章。第1章为电工电子技术课程设计基础，包括电工电子技术课程设计的目的与要求、方法与步骤、教学安排、成绩的评定、设计报告要求等；第2章为常用电工电子元器件和仪器，包括常用低压电器、常用电子元器件、常用电子仪器、常用集成电路等；第3章为电工技术课程设计，包括电气控制电路基础、电气控制电路的设计方法、可编程控制器及其应用等；第4章为模拟电子技术课程设计，包括模拟电路设计的基本方法、模拟电路课程设计实例；第5章为数字电子技术课程设计，包括数字电路设计的基本方法、数字电路课程设计实例；第6章为Multisim10.0软件及应用，包括Multisim10.0基本功能简介、Multisim10.0常用虚拟仪器的使用、Multisim10.0电路建立过程及应用实例；第7章为电工电子技术课程设计题目选编。

本书由西安建筑科技大学机电学院电工电子教研室的部分老师合作编写，其中第1章由徐英鸽、张宇编写，第2章由孙长飞、任继红、杨婷编写，第3章由任继红、徐英鸽、张宇编写，第4章由徐英鸽、王亮亮编写，第5章由张宇编写，第6章由徐英鸽、寇雪芹编写，第7章由徐英鸽、张宇编写。全书由徐英鸽统稿。

本书在编写过程中得到了西安建筑科技大学机电学院电工电子教研室其他老师的大力支持，在此表示诚挚的谢意。

本书可作为高等学校各专业电工电子技术课程设计的教材，也可作为大学生参加全国大学生电子设计竞赛的参考书，还可作为电工电子技术工程技术人员及广大电工电子技术爱好者的参考书。

由于编者水平有限，书中难免有不妥之处，殷切希望读者给予批评指正。

编　者

2015年5月

目 录

第 1 章　电工电子技术课程设计基础

1.1　电工电子技术课程设计的目的与要求

电工电子技术课程设计是学生学习了电工学课程，完成了电工电子实验课之后进行的一项综合性实践活动，是电工学课程教学中一个十分重要的教学环节。学生通过参与设计和搭建一个实用电子产品雏形，能够加深对电工学理论基础的认识，巩固在实验中掌握的基本技能，训练在电子产品制作时的动手能力。学生通过对该课程的学习，能够设计出符合任务要求的电路，掌握通用电工电子电路的一般设计方法和步骤，训练并提高在文献检索、资料利用、方案比较和元器件选择等方面的综合能力，同时为毕业设计和毕业以后从事科研及开发工作打下一定的基础。

一般专业电工电子技术课程设计的学时较短，可根据各院系专业教学的实际情况，灵活选择课题。课程设计应达到如下基本要求：

(1) 巩固和加强电工学课程中所学的基本理论和基本方法。

(2) 掌握电工电子电路的一般设计方法。

(3) 提高电工电子实验技能及仪器的使用能力。

(4) 掌握电工电子电路布局、安装、调试和排除故障的能力。

(5) 掌握仿真软件的使用。

(6) 能够写出完整的课程设计总结报告。

1.2　电工电子技术课程设计教学安排

电工电子技术课程设计作为一门重要的实践课程，学校一般已经将其纳入教学计划，时间为 1～2 周。按照教学要求，学生应在规定的时间内，在老师指导下，完成课程设计教学内容，最后由老师根据学生的完成情况给出成绩。课程设计教学包含以下几个方面。

1．选择设计题目，确定设计方案

课程设计题目可根据具体情况由指导老师指定，或者由学生在所给课题中选择。学生应了解课程设计的内容要求，明确应该完成的任务。

学生应该针对课程设计题目中提出的问题进行独立设计，包括电路分析比较、设计计算、元器件选型，并初步提出设计构想。指导老师检查学生的设计方案，对设计思路和方案进行指导，对设计中的问题及时指导修正。

2．绘制电路图，仿真分析

用计算机画出电路图并进行仿真实验，对具体的电路进行详细的分析与研究，如有问题或需要提高的地方，要及时解决和改进。

3．电路安装、调试

经过仿真分析或实验后，可以进入电路的安装和整机的调试阶段。按设计方案，选择元器件，制作电路 PCB 板，在电路板上搭接电路，完成电路安装。然后对电路试运行，测试电路性能指标，并通过反复调试使之满足设计要求。

4．课程设计考核与评分

课程设计的考核应该综合学生在课程设计各阶段的情况给出总成绩，成绩分为优、良、中、及格、不及格五等，并计入成绩册。

课程设计的考核及评分建议：

(1) 课程设计的理论设计部分(50%)：方案选择的科学性、实用性，计算的准确性，调试方案的合理性等。

(2) 课程设计的实践制作水平(30%)：电路安装、调试，完成这一过程的速度，实际动手能力的综合体现。

(3) 课程设计的说明书(报告)(20%)：按照课程设计报告格式，完成 3000 字以上说明书，清晰合理地总结成绩与教训。

1.3 电工电子技术课程设计的方法

电工电子技术课程设计的一般方法和步骤是：首先必须明确设计任务，分析设计任务和性能指标，根据任务进行方案选择；接着对方案中的各部分进行单元电路的设计、参数计算和器件选择；然后将各部分连接在一起，画出一个符合设计要求的完整系统电路图；最后进行仿真实验和性能测试。实际设计过程中往往需要反复进行以上各步骤，才能达到设计要求，具体情况需要灵活掌握。

1．方案设计

1) 拟订设计方案框图

对设计任务进行具体分析，充分了解设计的性能、指标内容及要求，以便明确设计任务。把设计任务分配给若干个单元电路，并画出一个能表示各个单元功能的整机原理框图，然后画出系统框图中每个框的名称、信号的流向、各框图间的接口等。

2) 方案的分析与比较

所拟的方案可以有多种，因此要对这些方案进行分析和比较。比较方案的标准有三种：一是技术指标的比较，哪一种方案完成的技术指标最完善；二是电路简易性的比较，哪一种方案在完成技术指标的条件下，最简单、最容易实现；三是经济指标的比较，在完成上述指标的情况下，选择价格低廉的方案。经过比较后确定一个最佳方案。

2．单元电路的设计和器件的选择

单元电路是整机的一部分，只有把各单元电路设计好才能提高整体设计水平。每个单元电路设计前都需明确本单元电路的设计任务，详细拟订出单元电路的性能指标、与前后级电路之间的关系，并分析电路的组成形式。具体设计时，可以模仿成熟的先进电路，并在此基础上进行创新或改进，但都必须保证满足性能要求。单元电路设计不仅要合理，而且各单元电路间也要相互配合，并注意各部分的输入信号、输出信号和控制信号的关系。

为保证单元电路达到功能指标要求，就需要用电工电子技术知识对参数进行计算。例如，放大电路中各阻值、放大倍数的计算，振荡器中电阻、电容、振荡频率等参数的计算。只有很好地理解电路的工作原理，正确利用计算公式，计算的参数才能满足设计要求。

器件选择时需要注意以下几点：

(1) 阻容元件的选择。电阻和电容种类很多，正确选择电阻和电容是很重要的。不同的电路对电阻和电容性能要求也不同，有些电路对电容的漏电要求很严，还有些电路对电阻、电容的性能和容量要求很高。例如，滤波电路中常用大容量铝电解电容，为滤掉高频通常还需要并联小容量瓷片电容。设计时要根据电路的要求选择性能和参数合适的阻容元件，并要注意功能、容量、频率和耐压范围是否满足要求。

(2) 分立元件的选择。分立元件包括二极管、晶体三极管、场效应管、光电二(三)极管、晶闸管等。根据其用途分别进行选择，器件种类不同，注意事项也不同。例如，选择晶体管时，首先注意选择是 NPN 型管还是 PNP 型管，是高频管还是低频管，是大功率管还是小功率管，并注意管子的参数是否满足电路设计指标的要求。

(3) 集成电路的选择。由于集成电路可以实现很多单元电路甚至整机电路的功能，所以选用集成电路来设计单元电路和总体电路既方便又灵活，它不仅使系统体积缩小，而且性能可靠，便于调试和运用，在设计电路时颇受欢迎。集成电路有模拟集成电路和数字集成电路。国内外已生产出大量集成电路，其器件的型号、原理、功能、特征可查阅有关器件手册。选择的集成电路不仅要在功能和特性上能实现设计方案，而且要满足功耗、电压、速度、价格等多方面的要求。

3．总体设计

总体设计时需要注意以下两点：

(1) 把各单元电路连接起来，注意各单元电路的接口、耦合等情况，然后画出完整的电气原理图。

(2) 列出所需用元件的明细表。

以上步骤采用计算机设计和仿真，利用软件对所需设计的电路进行仿真和调试。

4．安装和调试

根据电路设计的元器件参数，在 Multisim、Protel 等仿真软件上对所设计的电路和监控软件进行仿真模拟试验，调试技术参数并使之达到功能要求。

安装与调试过程应按照先局部后整体的原则，根据信号的流向逐块调试，使各功能模块都达到各自技术指标的要求，然后把它们连接起来进行统调和系统调试。调试包括调整与测试两个部分。调整主要是调节电路中可变元器件参数或更换器件，使电路性能得到改善。测试时采用电子仪器测量相关点的数据与波形，以便准确判断设计电路的性能是否满足要求。装配前必须对元器件进行性能参数测试。根据设计任务的不同，有时需要进行印制电路板设计制作，并在印制电路板上进行装配调试。

5. 总结报告

课程设计总结报告包括对课程设计中产生的各种图表和资料的汇总，以及对设计过程的全面系统的总结，把实践经验上升到理论的高度。

1.4 电工电子技术课程设计报告要求

每位学生在课程设计中，根据设计任务，从选择设计方案开始，进行电路设计；选择合适的器件，画出设计电路图；通过安装、调试，直至实现任务要求的全部功能。对电路要求布局合理，走线清晰，工作可靠，经验收合格后，写出完整的课程设计报告。设计报告的字数不得少于3000字，通常应包括下列内容：

(1) 设计任务和技术指标。

(2) 对各种设计方案的论证和电路工作原理的介绍。

(3) 各单元电路的设计和元件参数的计算。

(4) 电路原理图和接线图，并列出元件明细表。

(5) 实际电路的性能指标测试结果，画出必要的表格和曲线。

(6) 安装和调试过程中出现的各种问题及解决办法。

(7) 说明本设计的特点和存在的问题，提出改进设计的意见。

(8) 本次课程设计的收获与体会。

1.5 课程设计报告模板

下面给出一个课程设计报告的模板，读者可以学习参考。

西安××大学

课程设计报告

课程设计题目＿＿＿＿＿＿＿＿＿＿＿＿＿＿＿＿

学　　　院＿＿＿＿＿＿＿＿＿＿＿＿＿＿＿＿

专 业 班 级＿＿＿＿＿＿＿＿＿＿＿＿＿＿＿＿

姓　　　名＿＿＿＿＿＿＿＿＿＿＿＿＿＿＿＿

学　　　号＿＿＿＿＿＿＿＿＿＿＿＿＿＿＿＿

指 导 教 师＿＿＿＿＿＿＿＿＿＿＿＿＿＿＿＿

年　　月　　日

目　录

模板说明

1. 设计任务、要求以及文献综述

在该部分中叙述：设计题目的重要性及意义；对题目中要求的电路功能进行的简单分析，包括所制作的电子装置在国内外的应用与发展。

2. 原理叙述和实际方案

注意，文章中使用到的图、表必须有图名、表名及序号。

2.1　设计方案选择和论证

利用所学的理论知识，查阅相关资料，提出多种设计方案进行比较。

2.2　电路的功能框图及其说明

根据原理正确、易于实现的原则确定设计方案，画出总体设计功能框图，并加以说明。

2.3　功能块及其单元电路的设计、计算

根据功能设计和技术指标要求，确定每个功能块应选择的单元电路，并合理选择功能块之间的耦合方式。

对各功能块选择的单元电路分别进行设计，计算出满足功能及技术指标要求的电路，包括元器件选择和电路静态、动态参数的计算等，并要求对单元电路之间的适配进行设计与核算，主要是考虑阻抗匹配，以便提高输出功率、效率以及信噪比等。

2.4　总体电路原理图

画出完整的电路原理图。

3. 电路的仿真与调试

该部分包括：电路仿真和调试。

3.1　电路仿真

利用电子线路仿真软件 Multisim、Protel 等，将所设计的电路原理图在系统界面下创建并用其仪器库中的模拟仪表进行仿真测试。若发现问题，应立刻修改参数，重新调试直至得到满意的设计结果。

3.2　调试中出现的问题及解决方法

说明调试方法与所用的仪器、调试中出现的问题或故障分析及解决措施。

3.3　测试数据的记录与分析

记录测量的数据并加以分析。

4. 制作与调试(评分重点)

4.1　PCB 版图和元件清单、实物照片

4.2　调试方法和过程、测试结果波形图

4.3　制作与调试过程中遇到的问题及解决办法

5. 心得体会

内容包括收获、体会及改进想法等。

6．参考文献

在“课程设计报告”的最后应附上所参考的相关文献。参考文献格式如下：

[1] 刘沛津.电工电子技术实验及实训教程[M]. 西安：西安电子科技大学出版社，2014.

[2] 寇雪琴.基于信息技术的“电子技术”课程教学改革与实践[J]. 中国电力教育，2009，(7)：84-85.

第 2 章　常用电工电子元器件和仪器

2.1　常用低压电器

当前国内较多地采用继电器、接触器及按钮等控制电气来实现对电动机或其他电气设备的接通或断开。这种控制系统一般称为继电接触器控制系统，它是一种有触点的控制。继电接触器控制系统中所用的元件均属于低压电器元件。低压电器元件是指在交流额定电压为 1200 V 以下，直流电压为 1500 V 以下的工作环境中使用的电器元件。

本节主要介绍几种常用的低压电器的功能和用法。

1．刀开关和组合开关

1) *刀开关*

刀开关是结构最简单的一种手动电器，如图 2.1 所示，它由静夹座、手柄、熔丝等组成。用于不频繁接通和分断电路，或用来将电路和电源隔离，因此又称为“隔离开关”。

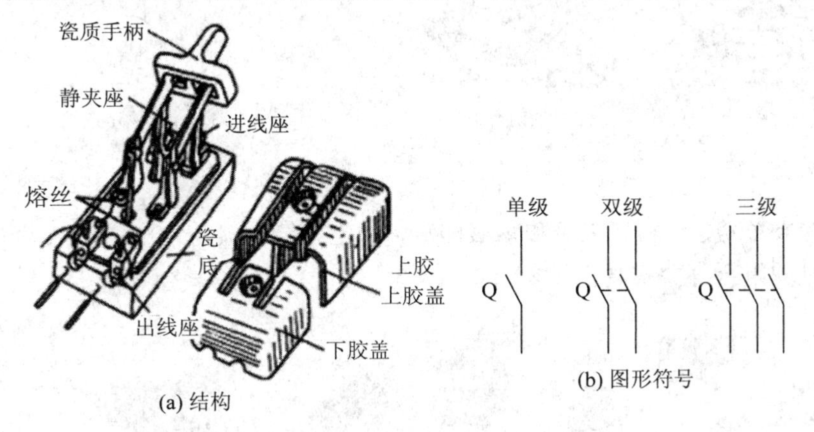

(a) 结构　(b) 图形符号

图 2.1　刀开关

按照触刀极数不同可将刀开关分为单级(单刀)、双极(双刀)和三极(三刀)；按照触刀的转换方向不同可分为单掷和双掷；按照操作方式不同可分为直接手动操纵式和远距离摇杆操纵式；按照灭弧情况不同可分为有罩灭弧和无罩灭弧。刀开关的实物图如图 2.2 所示。

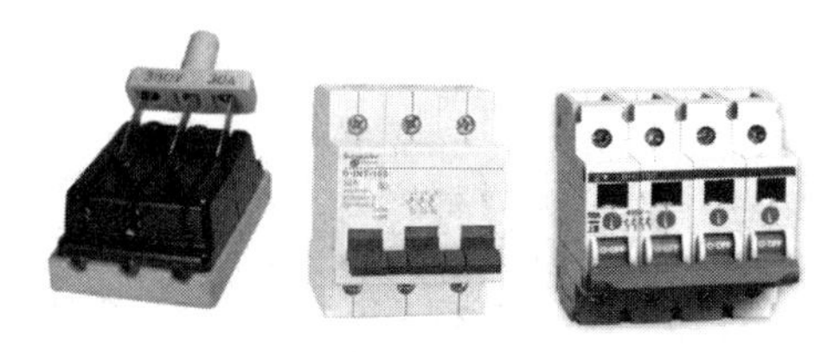

图 2.2　刀开关的实物图

2) 组合开关

组合开关也称转换开关，常用于机床控制电路的电源开关，也用于小容量电动机的启/停控制或照明线路的开关控制。

组合开关的种类很多，常用的有 HZ10 等系列，其结构如图 2.3 所示。它有三对静触片，每个静触片的一端固定在绝缘垫板上，另一端伸出盒外，连在接线柱上。三个动触片套在装有手柄的绝缘转动轴上，转动转轴就可以将三个动触片同时接通或断开。图 2.3(c)所示是用组合开关来启动和停止异步电动机的接线图。

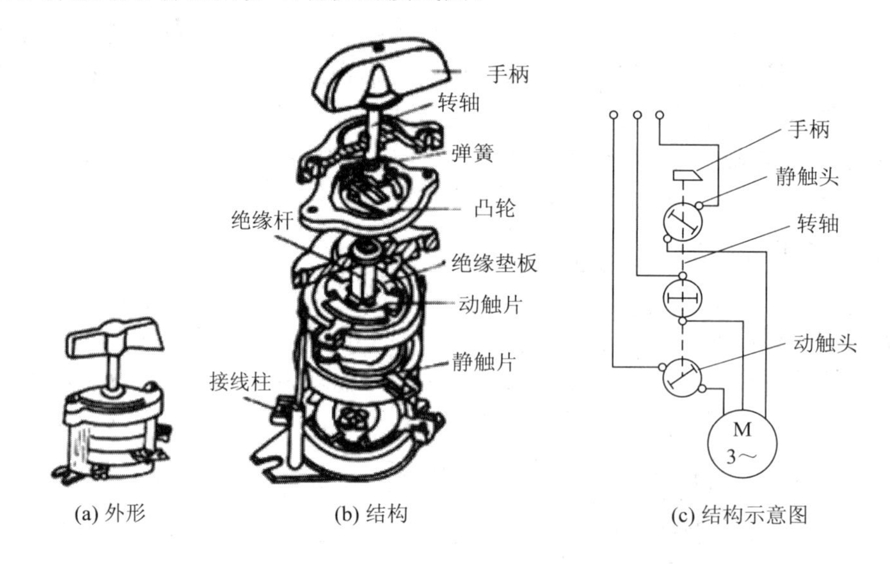

图 2.3　组合开关

组合开关有单极、双极、三极和多极四种，额定持续电流有 10 A，25 A，60 A 和 100 A 等多种。常见的组合开关实物图如图 2.4 所示。

图 2.4　组合开关实物图

2. 按钮

按钮是一种简单的手动开关，通常用于发出操作信号，接通或断开电流较小的控制电路中，以控制电流较大的电动机或其他电气设备的运行。

常闭按钮如图 2.5(a)所示，在按钮未被按下前，触头是闭合的，按下按钮后，触头被断开，电路也被分断。常开按钮如图 2.5(b)所示，在按钮未被按下前，电路是断开的，按下按钮后，常开触头被连通，电路也被接通；常见的复合按钮如图 2.5(c)所示，它由两个按钮组成，一个用于断开电路，一个用于接通电路。图 2.6 为按钮的图形符号。

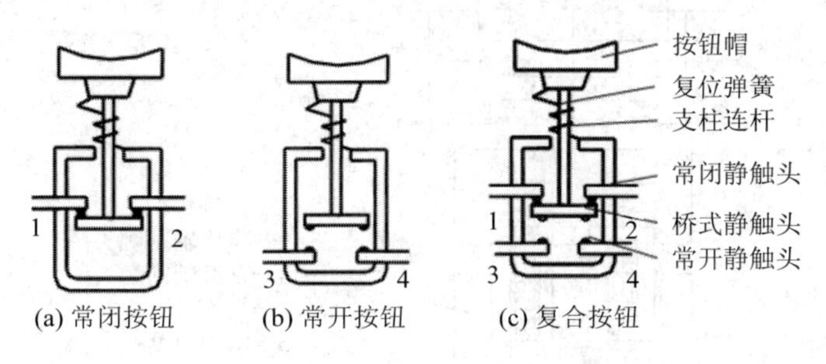

图 2.5　按钮的结构示意图

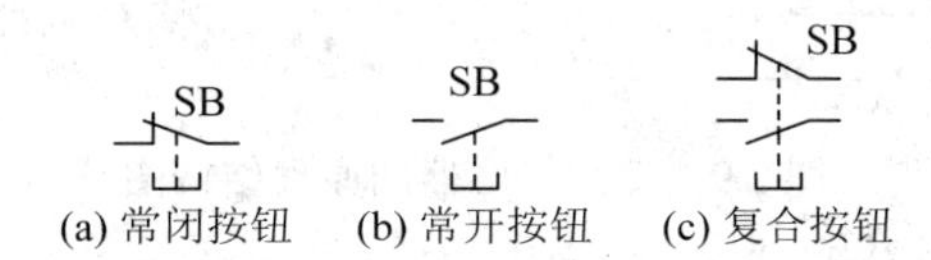

图 2.6　按钮的图形符号

3．行程开关

行程开关又称限位开关或位置开关，其作用和原理与按钮相同，只是其触头的动作不是靠手动操作，而是利用机械的某些运动部件的碰撞使其触头动作的。

图 2.7 是行程开关的结构示意图，实物图如图 2.8 所示。它是由安装在运动部件上挡铁的碰撞来使触头分合的。当运动机械的挡铁撞到触头时，常开触头断开，常开触头闭合；挡铁移开后，复位弹簧使触头恢复原始位置。

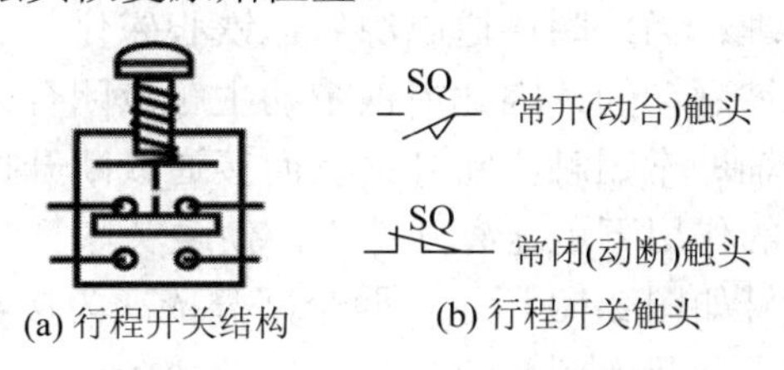

图 2.7　行程开关的结构示意图

图 2.8　行程开关的实物图

4．交流接触器

交流接触器是一种依靠电磁力的作用使触头闭合或分离来接通和断开电动机或其他设备电路的自动电器。图 2.9 是交流接触器的原理结构图。

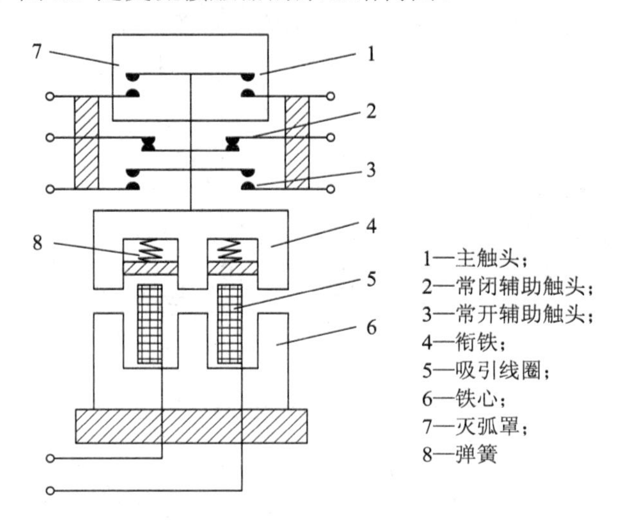

图 2.9　交流接触器的原理结构图

交流接触器主要由四部分组成：

(1) 电磁系统：包括吸引线圈、衔铁和铁心。

(2) 触头系统：根据用途不同分为主触头和辅助触头两种类型。主触头用以通断电流较大的主电路，体积较大，一般有三对常开触头；辅助触头用以闭合和分断电流较小的控制电路，体积较小，有常开和常闭两种类型的触头。

(3) 灭弧装置：一般容量较大的交流接触器都设有灭弧装置，以便迅速切断电弧，免于烧坏主触头。

(4) 绝缘外壳及附件：包括各种弹簧、传动机构、短路环、接线柱等。

交流接触器的工作原理：当线圈接通电源后，铁心磁化从而产生电磁吸力，将衔铁吸合，由于触头系统是与衔铁联动的，因此衔铁带动主触点闭合，被控制的主电路接通。同时，辅助常开触头闭合，辅助常闭触头断开，从而接通或断开控制电路。当线圈断电时，吸力消失，衔铁在弹簧力的作用下迅速离开铁心，使触头恢复常位，断开被控电路。

交流接触器的图形符号如图 2.10 所示，四个部分依次为接触器的线圈、主触头、辅助常开(动合)触头和辅助常闭(动断)触头。

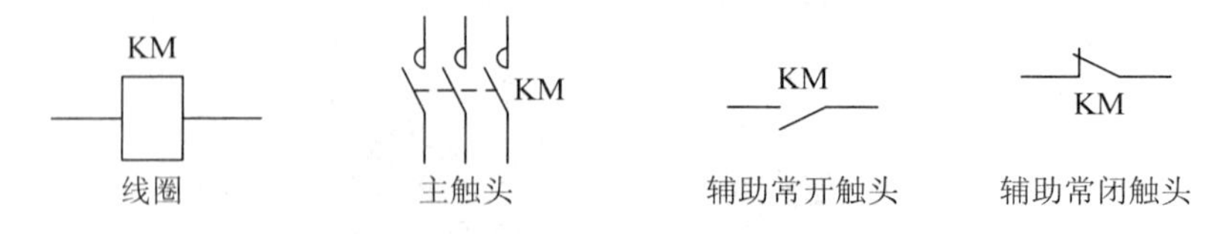

图 2.10　交流接触器的图形符号

常用的交流接触器有 CJ10、CJ12、CJ24、CJ20、3TB、B 等系列(实物图见图 2.11)，其最主要的技术参数有接触器额定电压(主触头额定电压)、额定电流(主触头额定电流)和线圈额定电压。例如 CJ10 系列交流接触器额定电流有 5 A，10 A，20 A，40 A，60 A，100 A，

150 A 等数种，线圈额定电压通常为 220 V 或 380 V，也有 36 V 和 127 V。

图 2.11　交流接触器的实物图

5．继电器

继电器是根据一定的信号使其触头闭合或断开，从而实现对电气线路的控制或保护作用的一种自动电器。继电器的触头容量很小，一般只能接在控制电路中，不能接在电动机的主电路中，这是继电器与接触器的重要区别。下面介绍几种常用的继电器。

1) 时间继电器

时间继电器是按照所设定的时间间隔的长短来切换电路的自动电器。它的种类很多，常用的有空气式、电动式、电子式等。

时间继电器是指当吸引线圈通电或断电后其触点经过一定延时再动作的继电器，是用来实现触点延时接通或断开的控制电器。按延时方式不同可分为接通延时、断开延时、定时吸合和循环延时四类。

时间继电器的文字符号为 KT，图形符号如图 2.12 所示，实物图如图 2.13 所示。

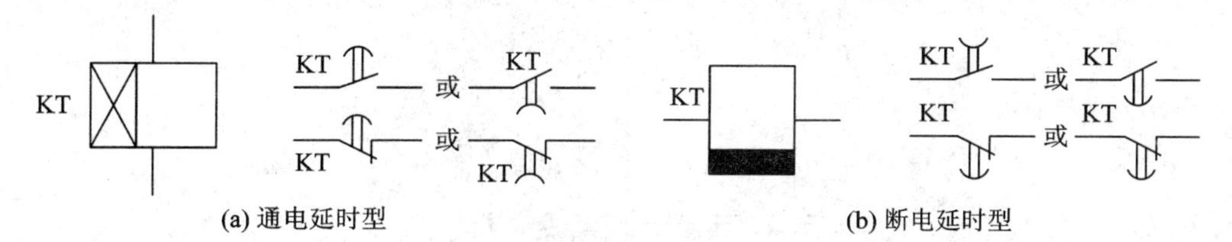

图 2.12　时间继电器图形符号

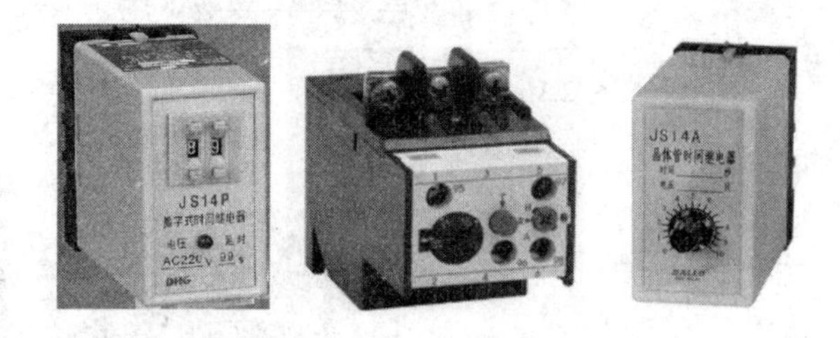

图 2.13　时间继电器的实物图

2) 中间继电器

中间继电器通常用来传递和同时控制多个电路，起到中间转换的作用，也可直接控制小容量电动机或其他电气执行元件。

中间继电器的基本结构和工作原理与接触器相似，但它的触头较多。一般有八对，可组成四对常开、四对常闭或六对常开、两对常闭或八对常开等三种形式。触头体积小，动作较灵敏。中间继电器图形符号如图 2.14 所示，实物图如图 2.15 所示。

常用的中间继电器有 JZ27 系列和 JZ8 系列两种，后者为交直流两用。

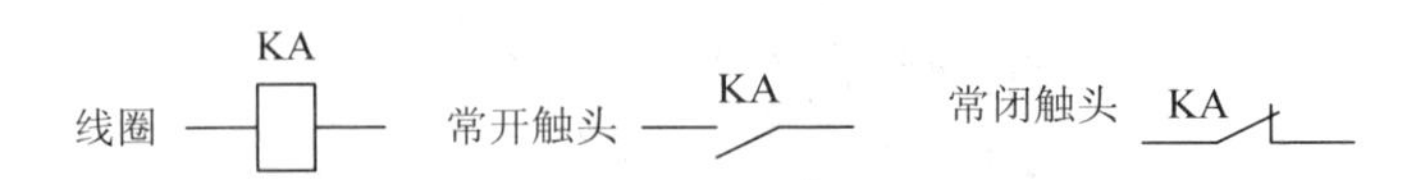

图 2.14　中间继电器图形符号

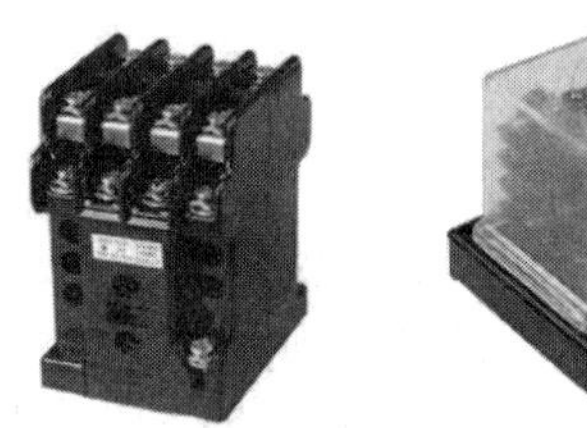

图 2.15　中间继电器的实物图

6. 热继电器

热继电器可用来保护电动机使之免受长期过载的危害，即用于电动机的过载保护。其工作原理如图 2.16 所示，发热元件接入电机主电路后，若长时间过载，双金属片被加热，因双金属片的下层膨胀系数大，使其向上弯曲，杠杆被弹簧拉回，常闭触点断开。常闭触头一般串联在接触器线圈回路中，断开的触头使接触器释放，电动机被切断电源而得到保护。热继电器的文字符号为 FR，图形符号如图 2.17 所示，实物图如图 2.18 所示。

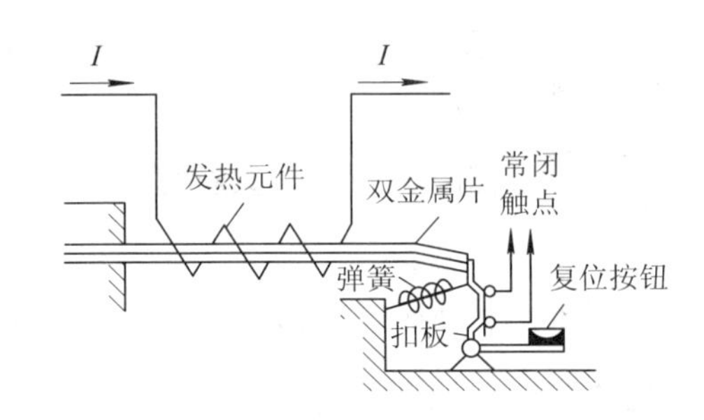

图 2.16　热继电器原理图

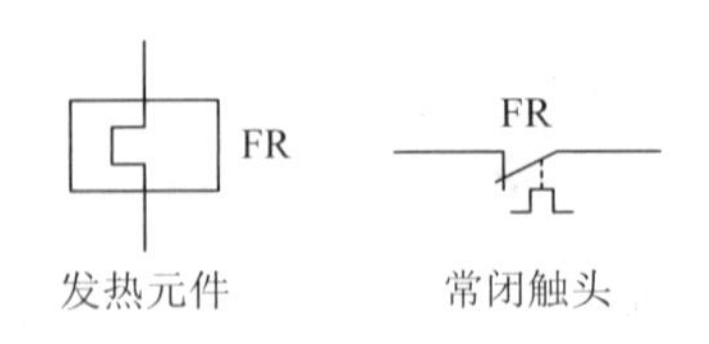

图 2.17　热继电器的图形符号

图 2.18　热继电器的实物图

7. 熔断器

熔断器是常用的短路保护电器，串联在被保护的电路中。熔断器中的熔片或熔丝统称为熔体，一般由电阻率较高的易熔合金制成，例如铅锡合金等，或由截面积很小的良导体制成。线路在正常工作情况下，熔断器中的熔片或熔丝不应该熔断。一旦发生短路或严重过载时，熔断器中的熔片或熔丝应立即熔断。

常用的熔断器有插入式熔断器、螺旋式熔断器、有填料式熔断器和无填料式熔断器等。

熔断器的图形符号如图 2.19 所示，实物图如图 2.20 所示。

FU

图 2.19　熔断器的图形符号

图 2.20　熔断器的实物图

8. 空气开关

空气开关也称为空气断路器，是低压配电网络和电力拖动系统中非常重要的一种电器。它集控制和多种保护功能于一身，除了能完成接通和分断电路外，还能对电路或电气设备发生的短路、严重过载及欠电压等进行保护。空气开关按极数可分为单极、两极和三极。

空气开关的文字符号为 QF，图形符号如图 2.21 所示，实物图如图 2.22 所示。

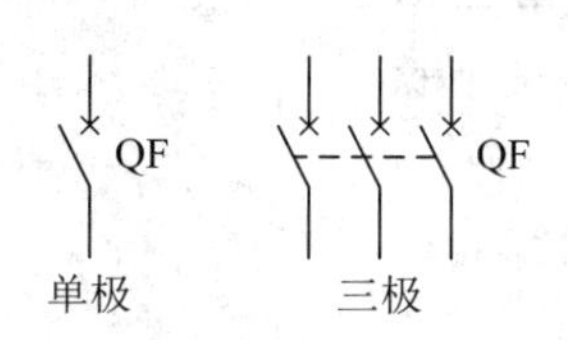

图 2.21　空气开关的图形符号

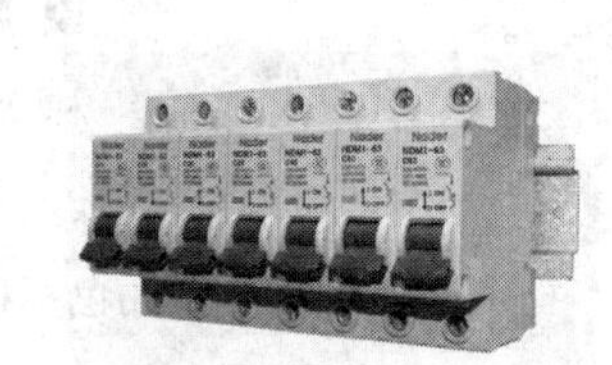

图 2.22　空气开关的实物图

2.2　常用电子元器件

1. 电阻

电阻在电路中用“*R*”加数字表示，如：R_{15} 表示编号为 15 的电阻。

电阻按阻值特性可分为固定电阻、可调电阻和特种电阻(敏感电阻)；按制造材料可分为碳膜电阻、金属膜电阻、绕线电阻、无感电阻和薄膜电阻等；按安装方式可分为插件电阻和贴片电阻；按功能可分为负载电阻、采样电阻、分流电阻和保护电阻等。常见电阻如图 2.23 所示。

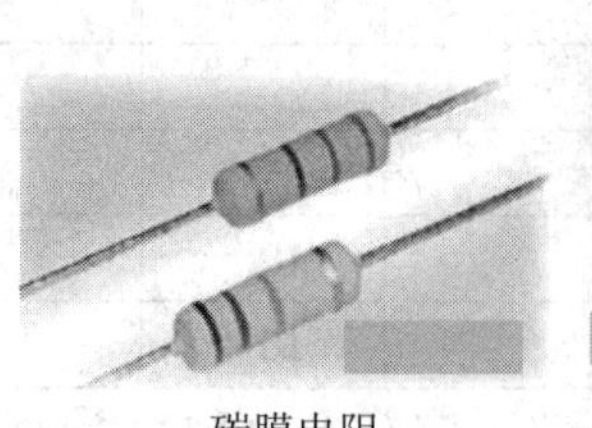

碳膜电阻

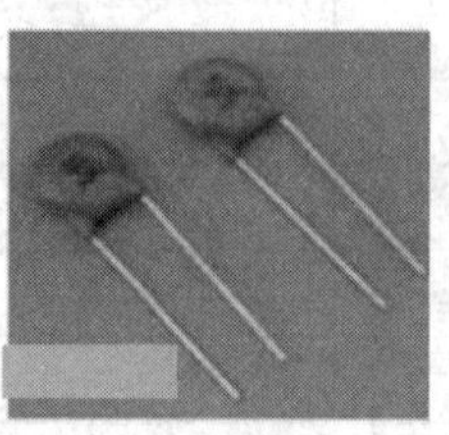

压敏电阻

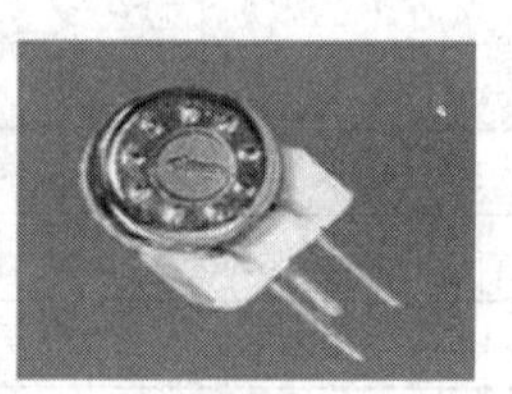

电位器

图 2.23　常见电阻

电阻的单位为欧姆(Ω)，倍率单位有：千欧(kΩ)，兆欧(MΩ)等，换算方法是：1 兆欧 = 1000 千欧 = 1 000 000 欧。电阻的参数标注方法有 3 种，即直标法、色标法和数标法，其中色标法使用较为广泛。

色标法标注有 4 环和 5 环两种，4 环电阻误差比 5 环电阻误差大，一般用于普通电子产品上，5 环电阻通常用于精密设备或仪器上。紧靠电阻体一端头的色环为第一环，露着电阻体本色较多的另一端头为末环。如果色环电阻器用四环表示，前面两位数字是有效数字，第三位是 10 的倍幂， 第四环是色环电阻器的误差范围，如图 2.24(a)所示。如果色环电阻器用五环表示，前面三位数字是有效数字，第四位是 10 的倍幂(即有效数字后“0”的个数)，第五环是色环电阻器的误差范围，如图 2.24(b)所示。

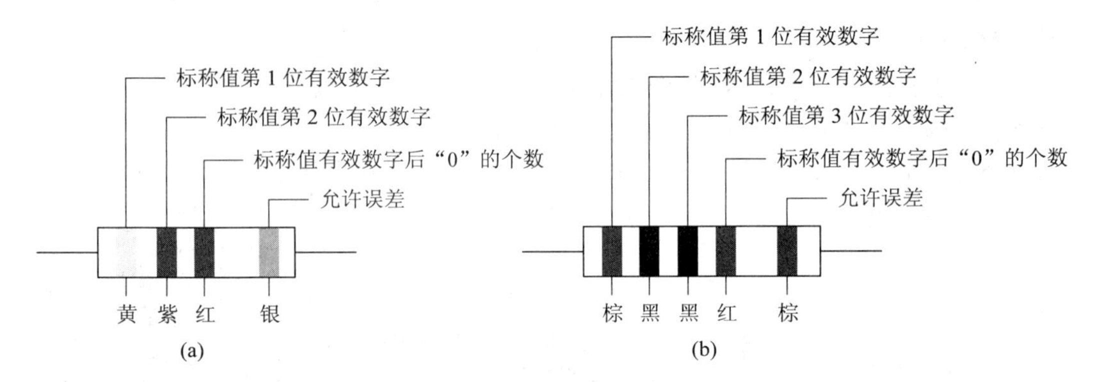

图 2.24　电阻的色标标注法

每条色环表示的意义如表 2-1 所示。

表 2-1　电 阻 的 色 环

颜色	第 1 位 有效数字	第 2 位 有效数字	第 3 位有效数字 (4 环电阻无此环)	倍　率	误　差
黑	0	0	0	10^0	
棕	1	1	1	10^1	±1%
红	2	2	2	10^2	±2%
橙	3	3	3	10^3	
黄	4	4	4	10^4	
绿	5	5	5	10^5	±0.5%
蓝	6	6	6		±0.25%
紫	7	7	7		±0.1%
灰	8	8	8		
白	9	9	9		
金				10^{-1}	±5%
银				10^{-2}	±10%

由此可知，图 2.21(a)中的色环为黄、紫、红、银，阻值为 $47 \times 10^2\ \Omega = 4.7\ k\Omega$，其误差为 ±10%。图 2.21(b)中的色环为棕、黑、黑、红、棕，阻值为 $100 \times 10^2\ \Omega = 10\ k\Omega$，其误差为 ±1%。

2．电容

电容是存储电能的元件，具有充放电特性和通交流隔直流的能力，主要用于电源滤波信号滤波、信号耦合、谐振、隔直流等电路中。电容在电路中用“C”加数字表示，如 C_{13} 表示编号为 13 的电容。

电容按照功能可分为涤纶电容、云母电容、高频瓷介电容、独石电容和电解电容等；按照安装方式可分为插件电容和贴片电容；按照在电路中的作用可分为耦合电容、滤波电容、退耦电容、高频消振电容、谐振电容和负载电容等。常见的电容如图 2.25 所示。

贴片电容

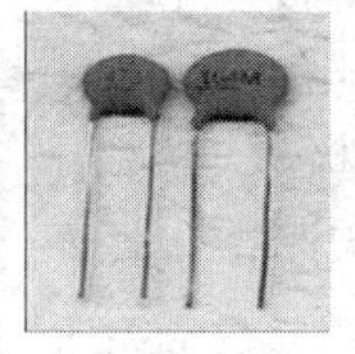
瓷片电容

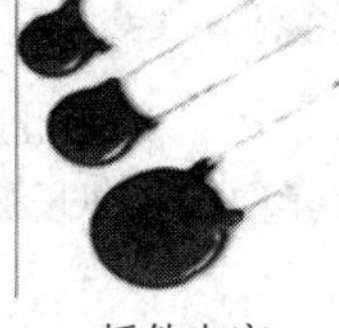
插件电容

电解电容

图 2.25　常见的电容

电容的容量单位为：法(F)、微法(μF)、皮法(pF)。一般我们不用法做单位，因为它太大了。各单位之间的换算关系为

$$1\ \text{F} = 1000\ \text{mF} = 1000 \times 1000\ \mu\text{F}$$

$$1\ \mu\text{F} = 1000\ \text{nF} = 1000 \times 1000\ \text{pF}$$

电解电容有正负极之分，其他都没有。注意观察在电解电容侧面标有“–”的，是负极，如果电解电容上没有标明正负极，也可以根据引脚的长短来判断，长脚为正极，短脚为负极。

3．电感

电感是能够把电能转化为磁能而存储起来的元件。电感器的结构类似于变压器，但只有一个绕组，是用绝缘导线(例如漆包线、纱包线等)绕制而成的电磁感应元件。

电感量的基本单位是亨利(简称亨)，用字母“H”表示。常用的单位还有毫亨(mH)和微亨(μH)，它们之间的关系为

$$1\ \text{H} = 1000\ \text{mH}$$

$$1\ \text{mH} = 1000\ \mu\text{H}$$

电感按照工作频率可分为高频电感、中频电感和低频电感；按照用途可分为振荡电感、校正电感、阻流电感和滤波电感等；按照结构可分为线绕式电感和非线绕式电感。常见的电感如图 2.26 所示。

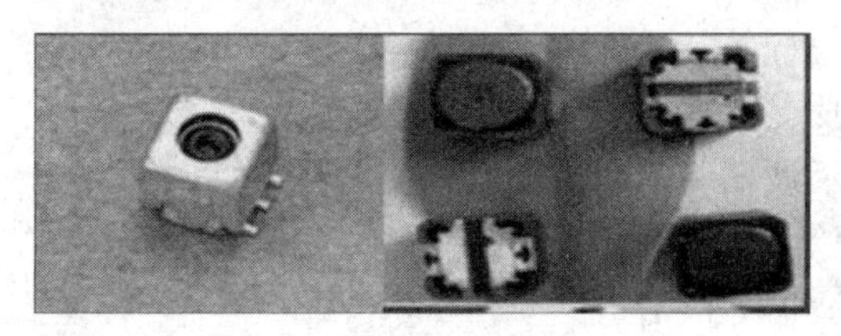
(a) 可调式电感

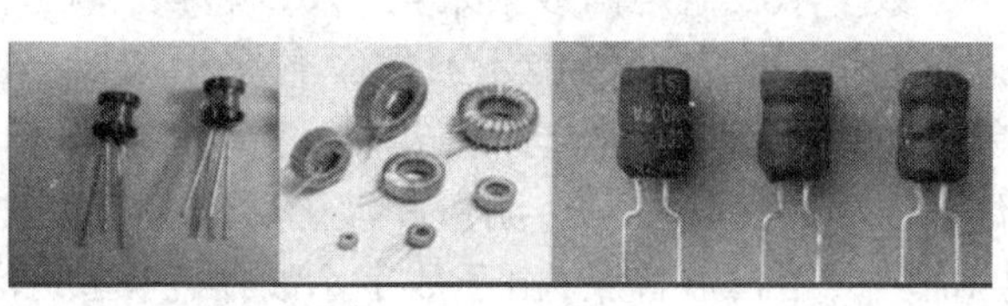
(b) 固定式电感

图 2.26　常见的电感

4. 二极管

二极管为半导体器件，在电路中常用“VD”加数字表示，如 VD_5 表示编号为 5 的二极管。二极管的主要特性是单向导电性，也就是在正向电压的作用下，导通电阻很小；而在反向电压作用下导通电阻无穷大。

晶体二极管按作用可分为整流二极管、隔离二极管、肖特基二极管、发光二极管和稳压二极管等。常见的二极管如图 2.27 所示。

二极管的识别很简单，小功率二极管的 N 极(负极)在二极管外表大多采用一种色圈标出来，色圈表示负极；有些也采用符号来表示，P 为正极、N 极为负极；发光二极管极性也可从引脚长短来识别，长脚为正，短脚为负。

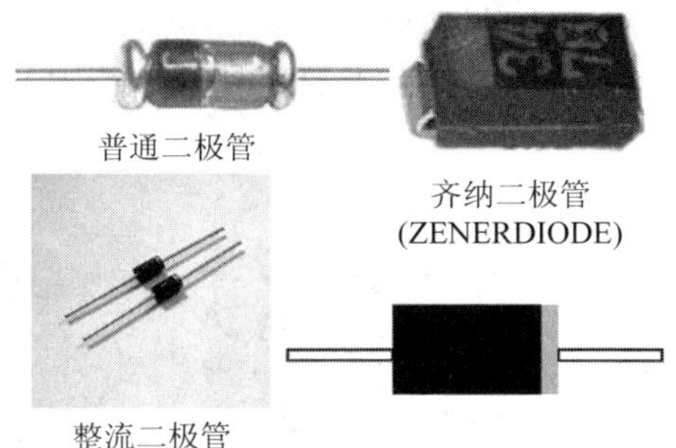

图 2.27 常见的二极管

5. 晶体管

晶体管是一种电流控制电流的半导体器件，其作用是把微弱信号放大成辐值较大的电信号。晶体管在电路中常用“VT”加数字表示，如 VT_{17} 表示编号为 17 的晶体管。

晶体管按材质可分为硅管和锗管；按结构可分为 NPN 型和 PNP 型；按功能可分为开关管、功率管、达林顿管和光敏管等；按功率可分为小功率管、中功率管和大功率管；按工作频率可分为低频管、高频管和超频管；按结构工艺可分为合金管和平面管；按安装方式可分为插件晶体管和贴片晶体管。常见的晶体管如图 2.28 所示。

(a) 插件晶体管

(b) 贴片晶体管

(c) 大功率晶体管

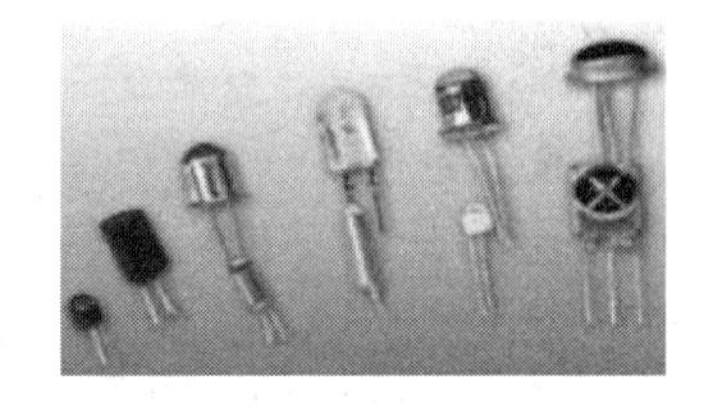

(d) 光敏晶体管

图 2.28 常见的晶体管

2.3 常用电子仪器

1. 示波器

数字示波器是由数据采集、A/D 转换、软件编程等一系列技术制造出来的高性能示波器。数字示波器一般支持多级菜单，给用户提供多种选择和多种分析功能。数字示波器具有波形触发、存储、显示、测量和波形数据分析处理等独特优点，因而其应用日益普及。由于数字示波器与模拟示波器之间存在较大的性能差异，如果使用不当，会产生较大的测量误差，从而影响测试任务。下面以 DS5022M 示波器(如图 2.29 所示)为

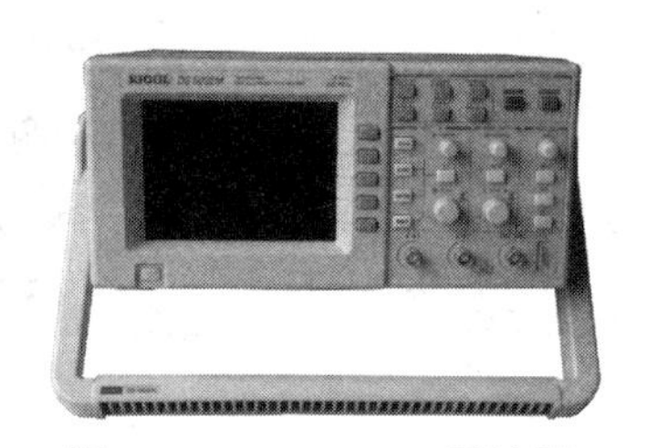

图 2.29 DS5022M 示波器

例，对数字示波器进行简单的介绍。

1) DSS5022M 示波器的面板及显示界面

DS5022M 示波器的面板如图 2.30 所示，简单明了、易于操作。面板中大部分旋钮和功能按钮的作用都有标注。显示屏右侧的 5 个灰色按钮为菜单选择按钮，通过它们，可以设置当前菜单的不同选项。DS5022M 示波器的显示界面如图 2.31 所示。

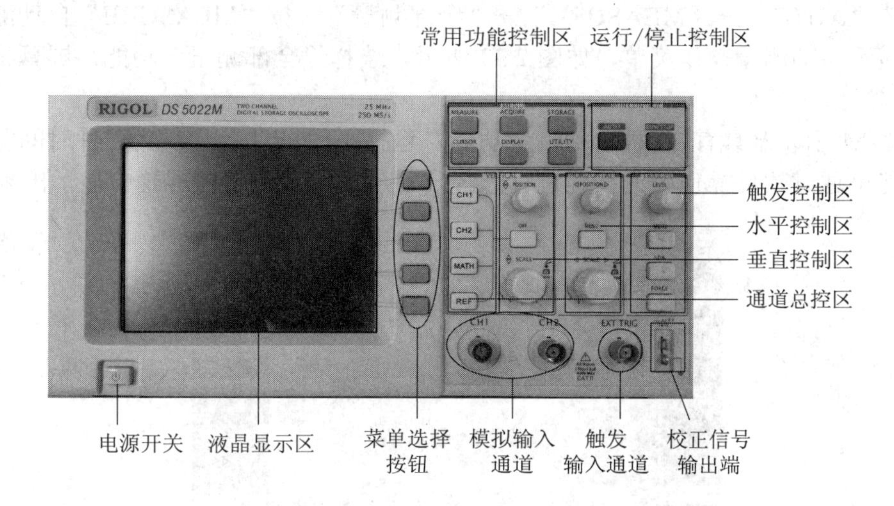

图 2.30 DS5022M 示波器的面板

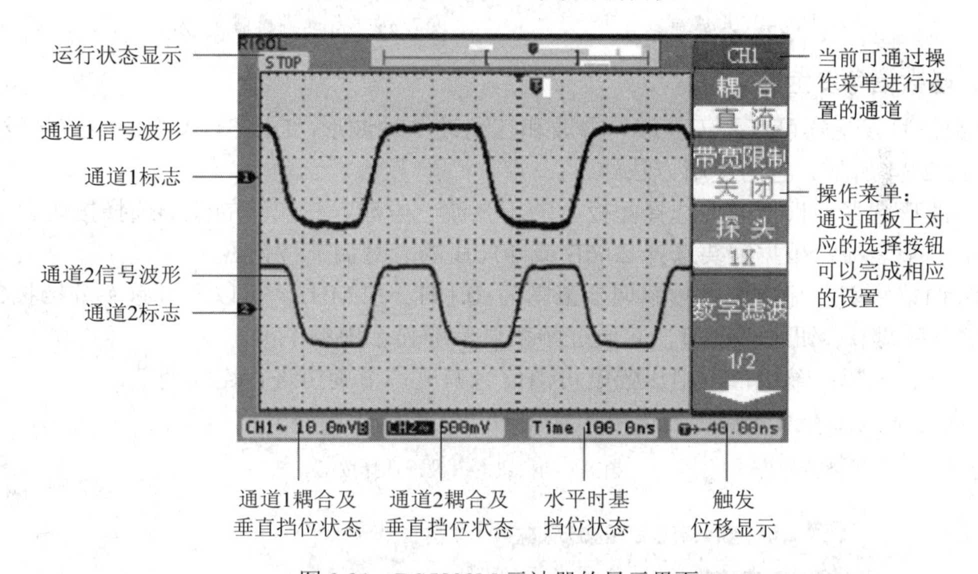

图 2.31 DS5022M 示波器的显示界面

2) DS5022M 示波器的使用

下面以观测正弦信号为例来介绍 DS5022M 数字示波器的使用。

(1) 信号接入。首先将示波器探头连接器上的插槽对准通道同轴电缆插接件(BNC)上的插口并插入，接着向右旋转以拧紧探头。然后将欲使用的通道(CH1 或 CH2)探头的负极接地，正极接待测信号。

(2) 自动设置。信号接入完成后，按运行控制区的“AUTO”(自动设置)按键，此时示波器自动设置垂直、水平和触发控制，并在显示界面上显示波形，如果要优化波形的显示，可通过水平控制区、垂直控制区等上的按钮进行手动调整。

(3) 自动测量。正弦波的主要波形参数为幅值 U_m、周期 T 或频率，测量时，按 CH1 或 CH2 键后(若待测信号从 CH1 通道输入就按 CH1 键，否则按 CH2 键)，根据屏幕右侧菜单选择测量参数。注意：测量前应通过菜单选择按钮将耦合方式设置为“交流”，如图 2.32 所示。或按“AUTO”→“MEASURE”→“全部测量”。按“MEASURE”自动测量功能键，系统显示自动测量操作菜单，如图 2.33 所示，选择“全部测量”功能，屏幕将显示波形的 11 个参数。

DS5022M 示波器具有 20 种自动测量功能，包括 10 种电压测量和 10 种时间测量。这些测量功能可通过软件操作区的按键进行选择，对应的测量值将在屏幕中显示出来。

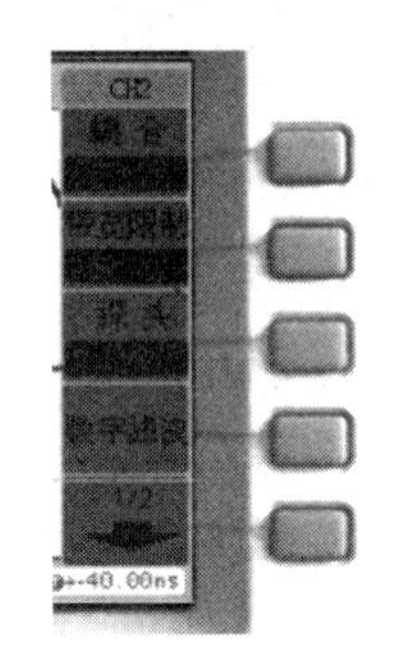

图 2.32　设置耦合方式

图 2.33　自动测量操作菜单

2．函数信号发生器

函数信号发生器可产生正弦波、方波和三角波 3 种波形，DF1641A 型函数信号发生器面板如图 2.34 所示。它的使用方法如下：

(1) 波形选择：根据需要选择面板上的正弦波、方波、三角波的波形选择按钮。

(2) 调整衰减：根据需要选择 20 dB 或 40 dB 的衰减调节按钮。

(3) 调整频率：输出信号频率调节范围为 0.1 Hz～2 MHz，可以通过频率分挡按钮(分七挡)和频率调节旋钮进行调节，并通过频率显示屏显示出频率值。

(4) 调整振幅：输出信号电压幅度可由信号幅度调节旋钮进行连续调节。

注意：函数信号发生器作为信号源使用时，它的输出端不允许短路。

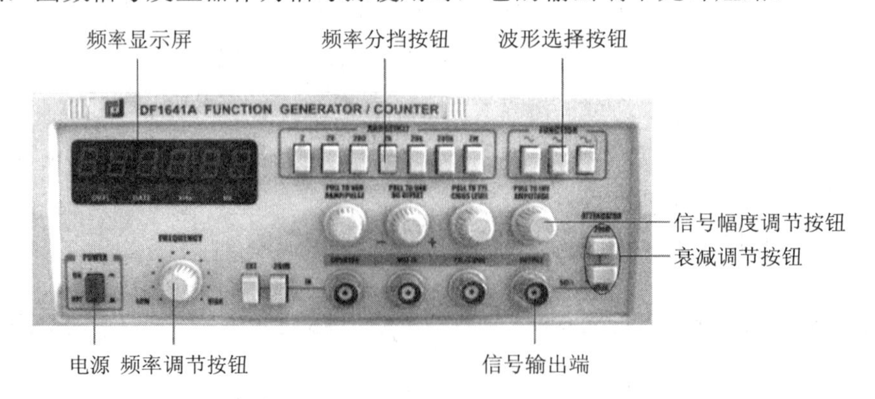

图 2.34　DF1641A 函数信号发生器的面板图

3. 交流毫伏表

交流毫伏表可用来测量正弦交流电压的有效值，DF1930A 型交流毫伏表共有 6 挡量程，分别是 3 mV、30 mV、300 mV，3 V、30 V、300 V。其面板如图 2.35 所示，量程的设置有自动和手动两种方式，可通过面板上的“MANU/AUTO”按钮进行切换。当选择手动设置量程时，面板上的“MANU”指示灯亮，用户可通过面板上的量程选择按钮“▷”、“◁”进行量程的设置，对应的量程指示灯亮起。当所测信号电压超出所选量程时，“OVER”指示灯亮，提醒用户所测电压超出量程，应重新选择合适的量程。当选择自动设置量程时，面板上的“AUTO”指示灯亮，系统会根据所测信号电压值自动选择量程。

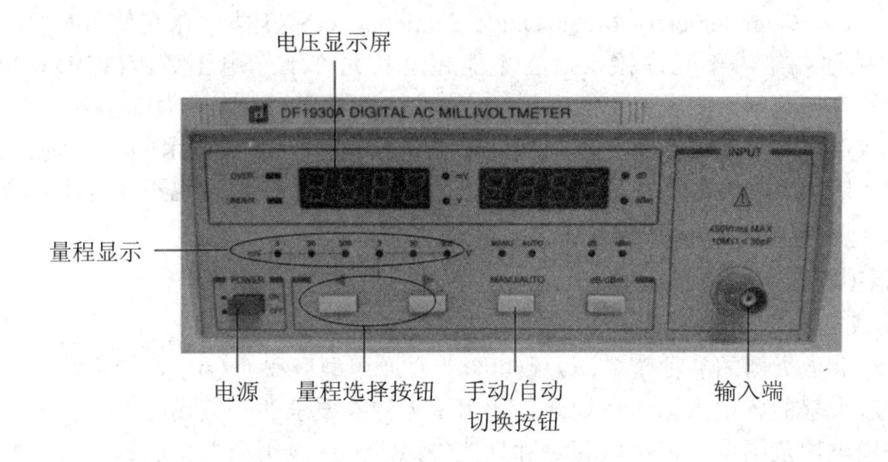

图 2.35　DF1930A 交流毫伏表面板图

为了防止交流毫伏表过载而损坏，测量前应将量程置于量程较大位置处(如 300 V)，在测量中逐挡减小量程；读完数据后，再将量程置于量程较大位置处，断开连线。

2.4　常用集成电路

集成电路(见图 2.36)是将电路的有源元件(二极管、三极管)和无源元件(电阻、电容)以及连线等制作在很小的一块半导体材料或绝缘基片上，形成一个具备一定功能的完整电路，然后封装于特制的外壳中。由于将元件集成于半导体芯片上，代替了分立元件，因而集成电路具有体积小、重量轻、可靠性高、电路性能稳定等优点。集成电路的出现改变了传统电子工业和电子产品的面貌，给组装、调试、进行大规模生产提供了方便。

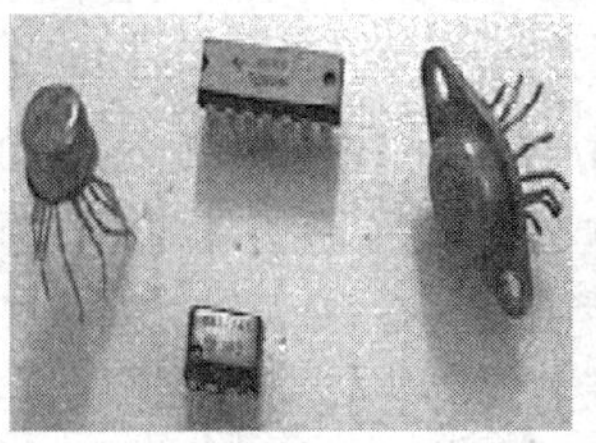
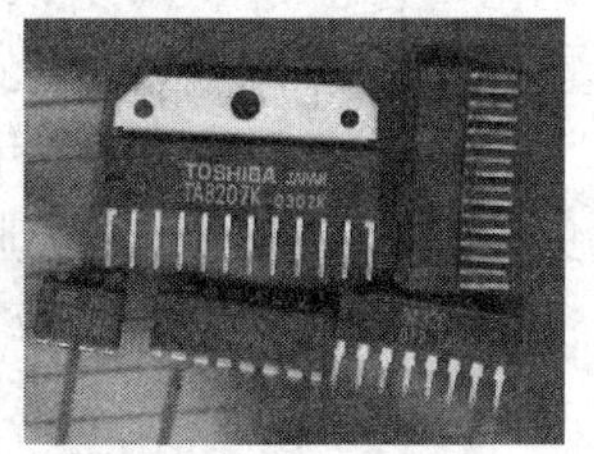

图 2.36　各种型号集成电路芯片

集成电路按功能可分为数字集成电路和模拟集成电路两大类；按其制作工艺可分为半

导体集成电路、薄膜集成电路、厚膜集成电路和混合集成电路等；按其集成度分为小规模集成电路(SSI)、中规模集成电路(MSI)、大规模集成电路(LSI)和超大规模集成电路(VLSI)。

1．数字集成电路及其使用

(1) TTL(Transistor Transistor Logic)集成电路在使用时要注意：不允许超过其规定的工作极限值，以确保电路能可靠工作。TTL 集成电路只允许在 5 V ± 10%的电源电压范围内工作。TTL 门电路的输出端不允许直接接地或接电源，也不允许并联使用(开路门和三态门例外)。TTL 门电路的输入端悬空相当于接高电平 1，但多余的输入端悬空(与非门)易引入外来干扰使电路的逻辑功能不正常，所以最好将多余输入端和有用端并联在一起使用。

(2) CMOS(Complemetary Metal Oxide Semiconductor)集成电路在使用时要注意：电源电压端和接地端绝对不允许接反，也不能超过其允许工作电压范围(VDD = 3～18 V)。CMOS 电路在工作时，应先加电源后再加信号；工作结束时，应在撤除信号后再切断电源。CMOS 集成电路的多余输入端一律不准悬空，应按其逻辑要求将多余的输入端接电源(与门)或接地(或门)；CMOS 集成电路的输出端不允许接电源或接地，也不允许将两个芯片的输出端直接连接使用，以免损坏器件。

2．模拟集成电路及其使用

1) 集成运算放大器

集成运算放大器的品种繁多，大致可分为“通用型”和“专用型”两大类。“通用型”集成运算放大器的各项指标比较均衡，适用于无特殊要求的一般场合。其特点是增益高、共模和差模电压范围宽、正负电源对称且工作稳定。“专用型”集成运算放大器有低功耗型(静态功耗在 1 mW 左右，如 CA3078)；高速型(转换速率在 10 V/ms 左右，如 mA715)；高阻型(输入电阻在 1012 Ω 左右，如 CA3140)等。“专用型”除具有“通用型”的特性指标外，特别突出其中某一项或两项特性参数，以适用于某些特殊要求的场合。

集成运算放大器在使用前应进行下列检查：能否调零和消振以及正负向的线性度和输出电压幅度；若数值偏差大或不能调零，则说明器件已损坏或质量不好。集成运算放大器在使用时，因其管脚较多，必须注意管脚不能接错。更换器件时，注意新器件的电源电压和原运放的电源电压是否一致。

2) 集成直流稳压器

直流稳压电源是电子设备中不可缺少的单元。集成稳压器是构成直流稳压电源的核心，它体积小、精度高、使用方便，因而被广泛应用。可分为三端固定稳压器(如 CW78××系列和 CW79××系列，其中 CW78××系列为正电压输出，CW79××系列为负电压输出；稳压值有 5 V、6 V、9 V、12 V、15 V、18 V、24 V)和三端可调集成稳压器(如 CW117/217/317 输出的是正电压；CW137/237/337 输出的是负电压)。

稳压器在满负荷使用时必须注意：加合适的散热片；防止将输入端与输出端接反；避免接地端(GND)出现浮地故障；当稳压器输出端接有大容量电容器时，应在 U_I～U_O 端之间接一只保护二极管(二极管正极接 U_O 端)，以保护稳压块内部的大功率调整管。

3) 集成功率放大器

集成功率放大器按输出功率的大小分为小、中、大功率放大器，其输出功率从几百 mW 到几百 W。按集成功率放大器内电路的不同可分为两大类：第一类具有功率输出级，一般输出功率在几 W 以上；第二类没有功率输出级(又叫功率驱动器)，使用时需外接大功率晶体管作为输出级，输出功率可达十几 W 到几百 W。集成功率放大器应在规定的负载条件下工作，切勿随意加重负荷，杜绝负载短路现象。

3．片状集成电路

为实现电子产品的体积微型化，近年来电子元器件向小、轻、薄的方向发展，人们发明了表面安装技术，即 SMT(Surface Mount Technology)。使用表面安装技术的器件(片状元器件)包括电阻器、电容器、电感器、二极管、三极管、集成电路等，其中片状集成电路最为典型，它具有引脚间距小、集成度高等优点，广泛用于彩电、笔记本计算机、移动电话、DVD 等高新技术电子产品中。片状集成电路的封装有小型封装和矩形封装两种形式。

4．集成电路的一般检测方法

(1) 测量集成电路各引脚的直流电压可采用万用表测量集成电路各引脚与地之间的电压，并与标准值相比较，就可以发现故障部位。

(2) 测量集成电路各脚的直流电流可采用小刀将集成电路引脚与印刷板的铜箔走线刻一个小口，把万用表(直流电流挡)串接在电路中，测量集成电路的各脚供电电流。如果测得的数据与维修资料上的数据相符，则集成电路是好的。

(3) 测量集成电路各脚与地之间的电阻值可采用万用表欧姆挡测量集成块各脚与地之间的电阻值，并与正常值相比较，可以判断出不正常的部位。当然采用这种方法时也必须事先知道集成电路各脚正常时的对地电阻值。

5．集成电路的正确选择和使用

在选择和使用集成电路时应注意以下几点：

(1) 应根据实际情况，查阅器件手册，在全面了解所需集成电路的性能和特点的前提下，选用功能和参数都符合要求的集成电路，充分发挥其效能。

(2) 结合电路图，核实集成电路的引脚序号和排列顺序，了解各个引脚功能，确认输入/输出端位置、电源、地线等。插装集成电路时要注意引脚序号方向，不能插错。

(3) 在焊接扁平型集成电路时，由于其引脚成型，所以应注意引脚要与印制电路板平行，不得穿引扭焊，不得从根部弯折。

(4) 在焊接集成电路时，不得使用功率大于 45 W 的电烙铁，每次焊接的时间不得超过 10 s，以免损坏集成电路或影响集成电路性能。集成线路引出线间距较小，在焊接时不得相互锡连，以免造成短路。

(5) CMOS 集成电路有一层金属氧化物半导体构成的非常薄的绝缘氧化膜，加在其栅极的电压可以控制源区和漏区之间的电路通，而加在栅极上的电压过大，栅极的绝缘氧化膜就容易被击穿。CMOS 集成电路为保护栅极的绝缘氧化膜免遭击穿，虽备有输入保护电路，但这种保护也有限，使用时要加以小心。

(6) 安装完成之后，应仔细检查各引脚焊接顺序是否正确，各引脚有无虚焊及互连现象，一切检查完毕之后方可通电。

6．常见集成电路

1) 常见集成逻辑门电路的逻辑符号和管脚图

常用集成逻辑门电路的逻辑符号和管脚图如图 2.37～图 2.47 所示。

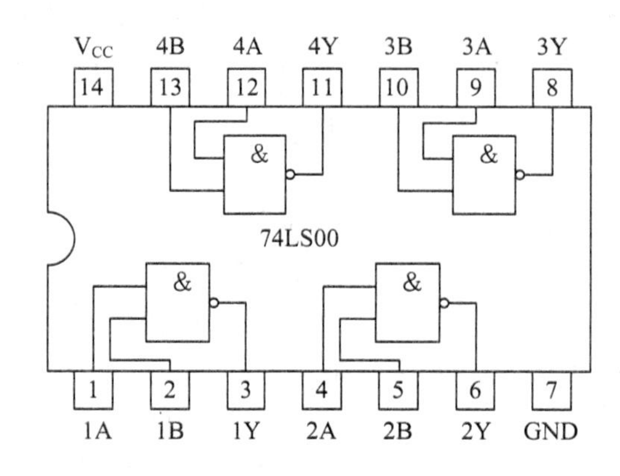

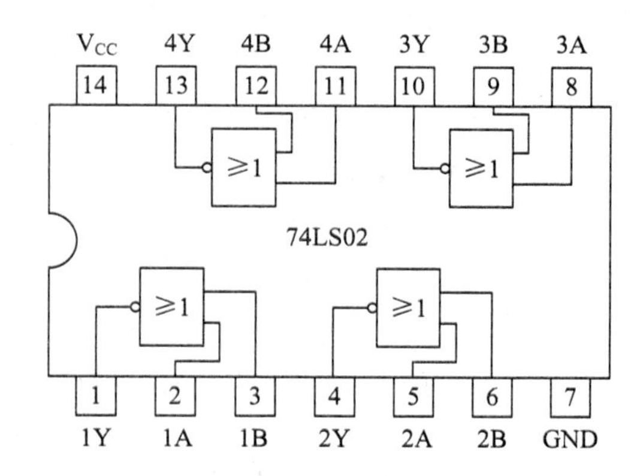

图 2.37　74LS00(CT4000)四—2 输入与非门

74LS03(CT4003)集电极开路输出的四—2 输入与非门

CC4011CMOS 四—2 输入与非门

CC4001CMOS 四—2 输入或非门

图 2.38　74LS00(CT4000)四—2 输入或非门

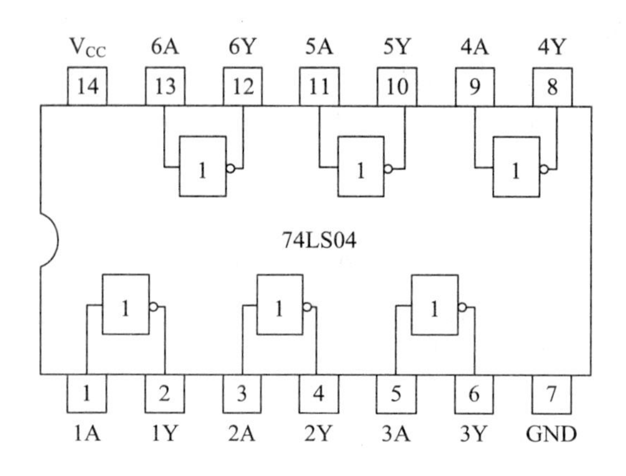

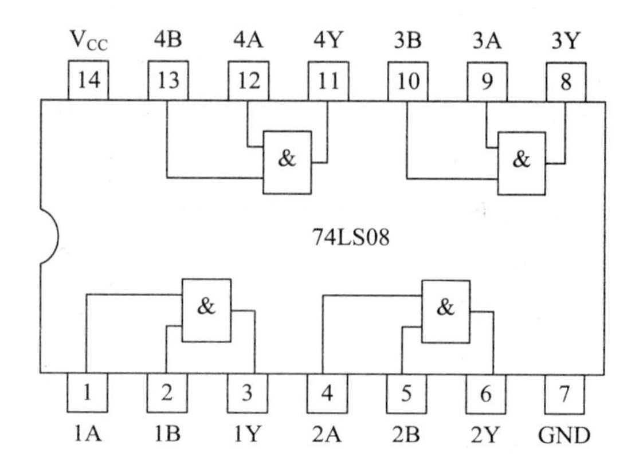

图 2.39　74LS04(CT4004)六反相器

74LS14 (CT4014)六施密特反相器

图 2.40　74LS08(CT4008)四—2 输入与门

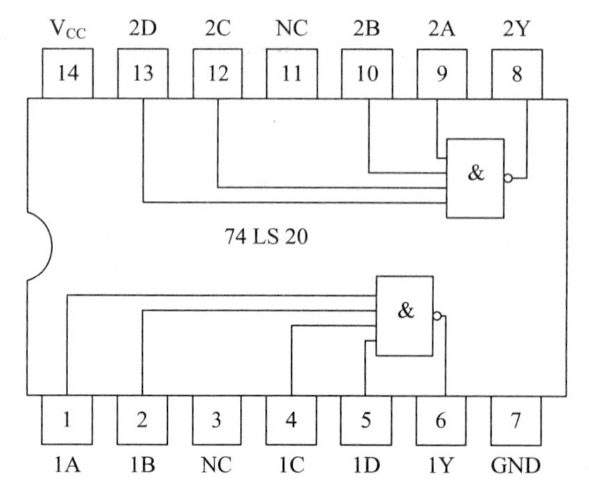

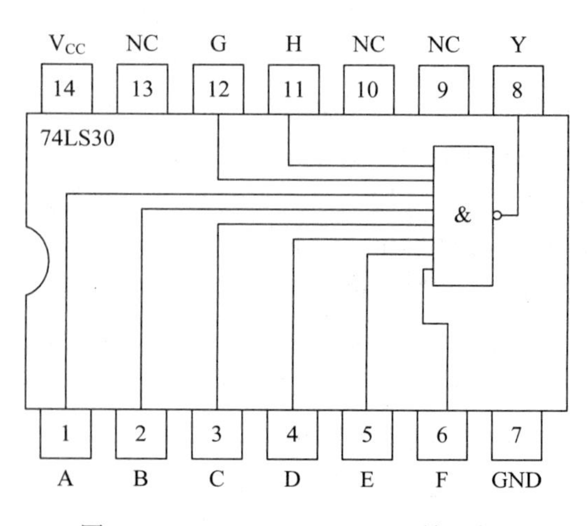

图 2.41　74LS20(CT4020)二—4 输入与非门

图 2.42　74LS30(CT4030)—8 输入与非门

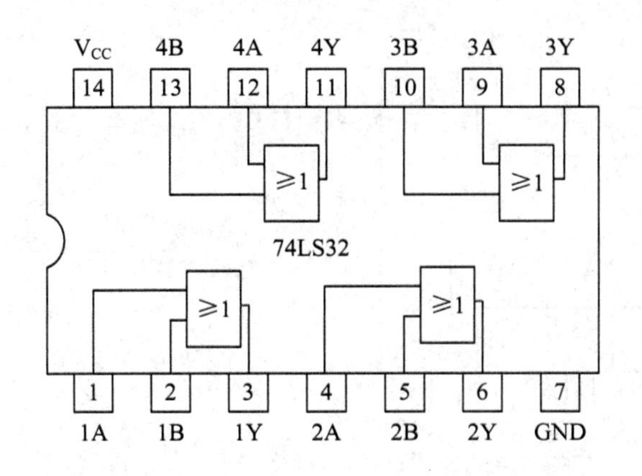

图 2.43　74LS32(CT4032)四—2 输入或门

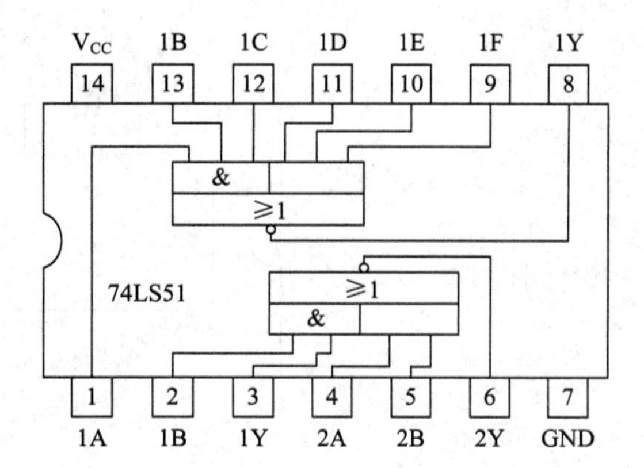

图 2.44　74LS51(CT4051)二—2 输入，二—3 双与或非门

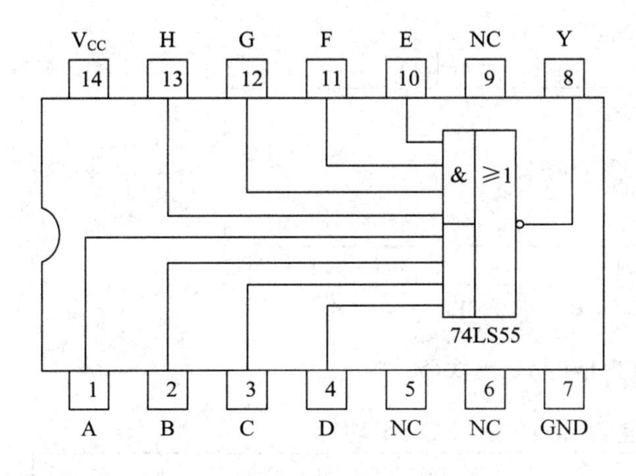

图 2.45　74LS55(CT4055)二—4 输入与或非门

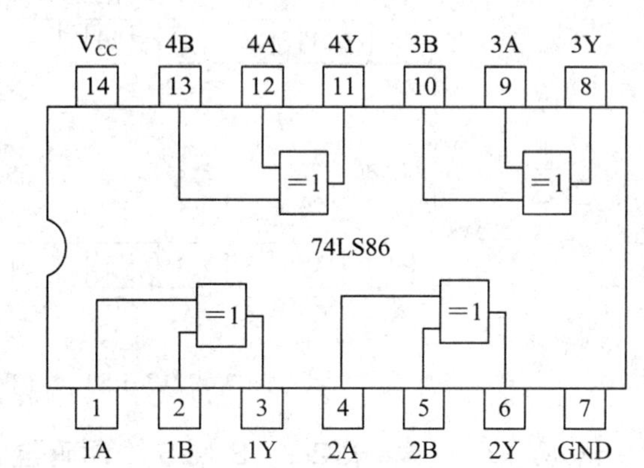

图 2.46　74LS86(CT4086)四—2 输入与异或门

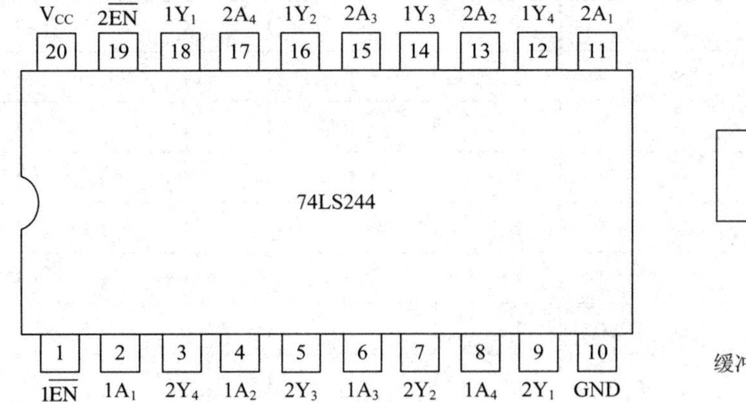

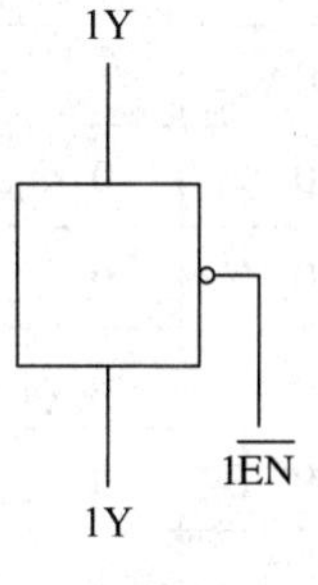

缓冲器的符号

图 2.47　74LS244(CT4244)三态输出八缓冲器

2) 部分常用数字集成管脚图与功能表

(1) 译码器。

① CT4138、CT4154(见图 2.48、图 2.49 及表 2-2)。

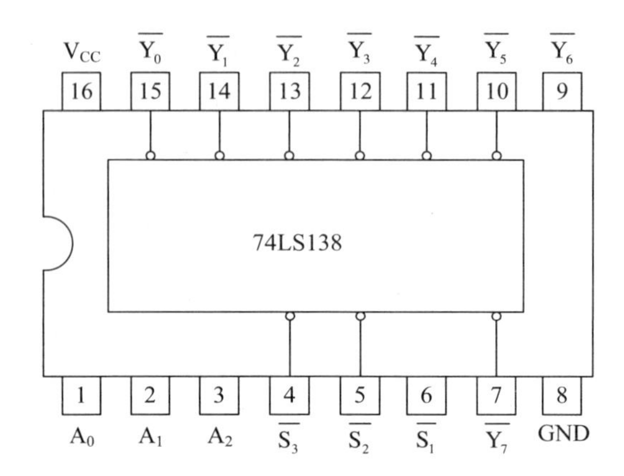

图 2.48 74LS138(CT4138)3 线-8 线译码器

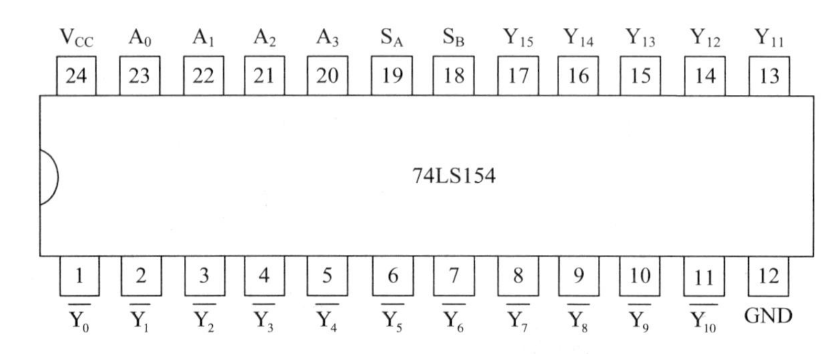

图 2.49 74LS154(CT4154)4 线-16 线译码器

表 2-2 3 线-8 线译码器 74LS138(CT4138)功能表

输入					输出							
S_1	$\overline{S_1}+\overline{S_3}$	A_2	A_1	A_0	$\overline{Y_0}$	$\overline{Y_1}$	$\overline{Y_2}$	$\overline{Y_3}$	$\overline{Y_4}$	$\overline{Y_5}$	$\overline{Y_6}$	$\overline{Y_7}$
0	×	×	×	×	1	1	1	1	1	1	1	1
×	0	×	×	×	1	1	1	1	1	1	1	1
1	0	0	0	0	0	1	1	1	1	1	1	1
1	0	0	0	1	1	0	1	1	1	1	1	1
1	0	0	1	0	1	1	0	1	1	1	1	1
1	0	0	1	1	1	1	1	0	1	1	1	1
1	0	1	0	0	1	1	1	1	0	1	1	1
1	0	1	0	1	1	1	1	1	1	0	1	1
1	0	1	1	0	1	1	1	1	1	1	0	1
1	0	1	1	1	1	1	1	1	1	1	1	0

② 74LS42(见图 2.50 及表 2-3)。

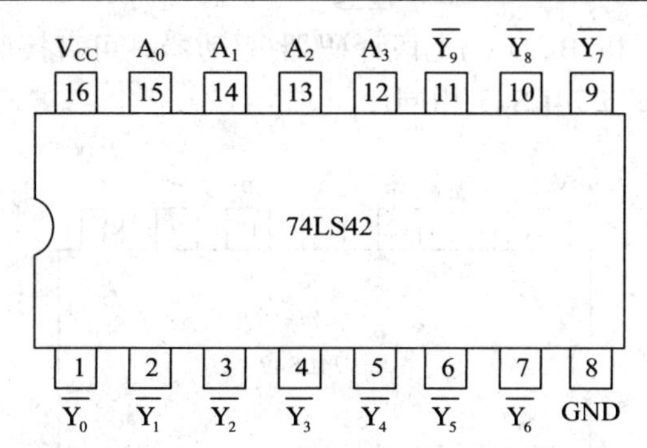

图 2.50　74LS42(CT4041)4 线-10 线译码器

表 2-3　4 线-10 线译码器 4LS42(CT4041)功能表

序号	输入				输出									
	A_3	A_2	A_1	A_0	$\overline{Y_0}$	$\overline{Y_1}$	$\overline{Y_2}$	$\overline{Y_3}$	$\overline{Y_4}$	$\overline{Y_5}$	$\overline{Y_6}$	$\overline{Y_7}$	$\overline{Y_8}$	$\overline{Y_9}$
0	0	0	0	0	0	1	1	1	1	1	1	1	1	1
1	0	0	0	1	1	0	1	1	1	1	1	1	1	1
2	0	0	1	0	1	1	0	1	1	1	1	1	1	1
3	0	0	1	1	1	1	1	0	1	1	1	1	1	1
4	0	1	0	0	1	1	1	1	0	1	1	1	1	1
5	0	1	0	1	1	1	1	1	1	0	1	1	1	1
6	0	1	1	0	1	1	1	1	1	1	0	1	1	1
7	0	1	1	1	1	1	1	1	1	1	1	0	1	1
8	1	0	0	0	1	1	1	1	1	1	1	1	0	1
9	1	0	0	1	1	1	1	1	1	1	1	1	1	0
伪码	1	0	1	0	1	1	1	1	1	1	1	1	1	1
	1	0	1	1	1	1	1	1	1	1	1	1	1	1
	1	1	0	0	1	1	1	1	1	1	1	1	1	1
	1	1	0	1	1	1	1	1	1	1	1	1	1	1
	1	1	1	0	1	1	1	1	1	1	1	1	1	1
	1	1	1	1	1	1	1	1	1	1	1	1	1	1

③　BCD 码七段显示译码器(见图 2.51、图 2.52 及表 2-4)。

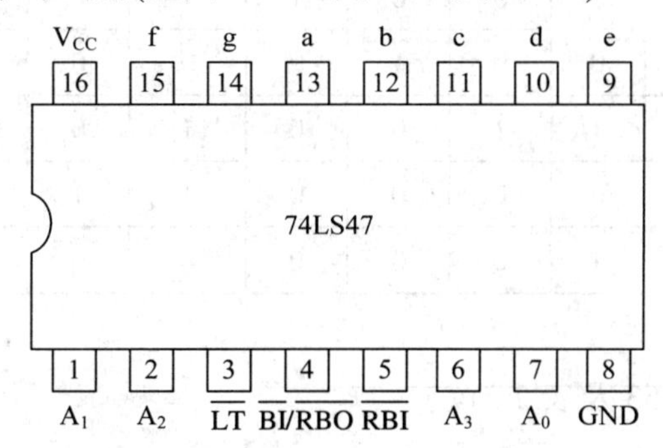

图 2.51　74LS47(CT4047)共阳极 BCD 码七段译码器/驱动器(集电极开路输出)

74LS48(CT4048)共阴极 BCD 码七段译码器/驱动器，可直接驱动共阴极数码管，不需要外接电阻，其管脚分布与 74LS47 相同。

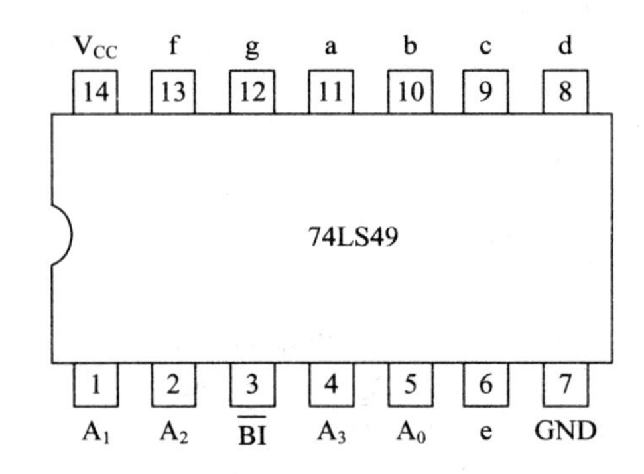

图 2.52 74LS49(CT4049)共阴极 BCD 码七段译码器/驱动器(集电极开路输出)

表 2-4 BCD 码七段显示译码器的真值表

输入					输出							
数字	A_3	A_2	A_1	A_0	$\overline{Y_a}$	$\overline{Y_b}$	$\overline{Y_c}$	$\overline{Y_d}$	$\overline{Y_e}$	$\overline{Y_f}$	$\overline{Y_g}$	字形
0	0	0	0	0	1	1	1	1	1	1	0	
1	0	0	0	1	0	1	1	0	0	0	0	
2	0	0	1	0	1	1	0	1	1	0	1	
3	0	0	1	1	1	1	1	1	0	0	1	
4	0	1	0	0	0	1	1	0	0	1	1	
5	0	1	0	1	1	0	1	1	0	1	1	
6	0	1	1	0	0	0	1	1	1	1	1	
7	0	1	1	1	1	1	1	0	0	0	0	
8	1	0	0	0	1	1	1	1	1	1	1	
9	1	0	0	1	1	1	1	0	0	1	1	
10	1	0	1	0	0	0	0	1	1	0	1	
11	1	0	1	1	0	0	1	1	0	0	1	
12	1	1	0	0	0	1	0	0	0	1	1	
13	1	1	0	1	1	0	0	1	0	1	1	
14	1	1	1	0	0	0	0	1	1	1	1	
15	1	1	1	1	0	0	0	0	0	0	0	

(2) 编码器。

① 74LS148(见图 2.53 及表 2-5)。

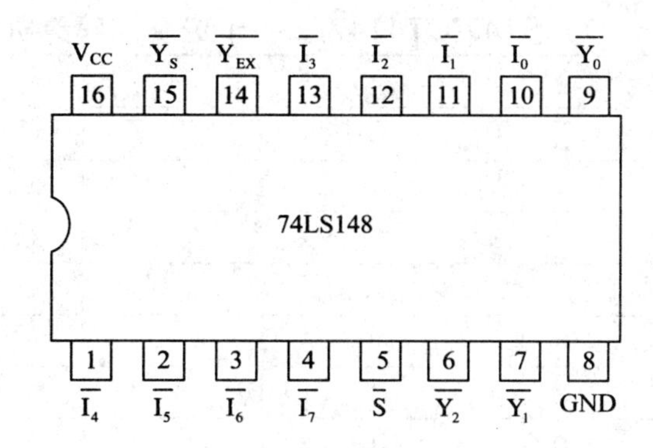

图 2.53　74LS148(CT4148)8 线-3 线优先编码器

表 2-5　74LS148(CT4148)的功能表

$\overline{S}$	$\overline{I_0}$	$\overline{I_1}$	$\overline{I_2}$	$\overline{I_3}$	$\overline{I_4}$	$\overline{I_5}$	$\overline{I_6}$	$\overline{I_7}$	$\overline{Y_2}$	$\overline{Y_1}$	$\overline{Y_0}$	$\overline{Y_S}$	$\overline{Y_{EX}}$
1	×	×	×	×	×	×	×	×	1	1	1	1	1
0	1	1	1	1	1	1	1	1	1	1	1	0	1
0	×	×	×	×	×	×	×	0	0	0	0	1	0
0	×	×	×	×	×	×	0	1	0	0	1	1	0
0	×	×	×	×	×	0	1	1	0	1	0	1	0
0	×	×	×	×	0	1	1	1	0	1	1	1	0
0	×	×	×	0	1	1	1	1	1	0	0	1	0
0	×	×	0	1	1	1	1	1	1	0	1	1	0
0	×	0	1	1	1	1	1	1	1	1	0	1	0
0	0	1	1	1	1	1	1	1	1	1	1	1	0

② 74LS147(见图 2.54 及表 2-6)。

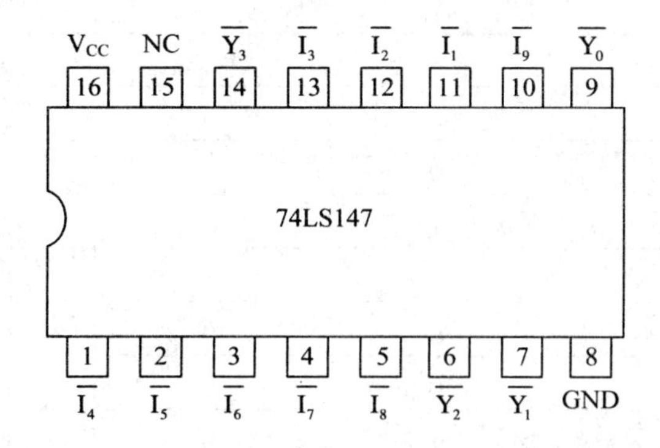

图 2.54　74LS147(CT4147)10 线-4 线 BCD 优先编码器

表 2-6　74LS147(CT4147)二—十进制编码器功能表

输入									输出			
$\overline{I_1}$	$\overline{I_2}$	$\overline{I_3}$	$\overline{I_4}$	$\overline{I_5}$	$\overline{I_6}$	$\overline{I_7}$	$\overline{I_8}$	$\overline{I_9}$	$\overline{Y_3}$	$\overline{Y_2}$	$\overline{Y_1}$	$\overline{Y_0}$
1	1	1	1	1	1	1	1	1	1	1	1	1
×	×	×	×	×	×	×	×	0	0	1	1	0
×	×	×	×	×	×	×	0	1	0	1	1	1
×	×	×	×	×	×	0	1	1	1	0	0	0
×	×	×	×	×	0	1	1	1	1	0	0	1
×	×	×	×	0	1	1	1	1	1	0	1	0
×	×	×	0	1	1	1	1	1	1	0	1	1
×	×	0	1	1	1	1	1	1	1	1	0	0
×	0	1	1	1	1	1	1	1	1	1	0	1
0	1	1	1	1	1	1	1	1	1	1	1	0

(3) 数据选择器(见图 2.55、图 2.56 及表 2-7)。

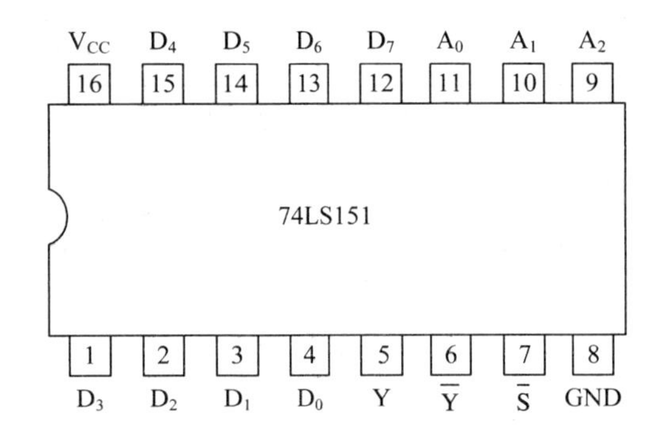

图 2.55　74LS151(CT4151)八选一数据选择器

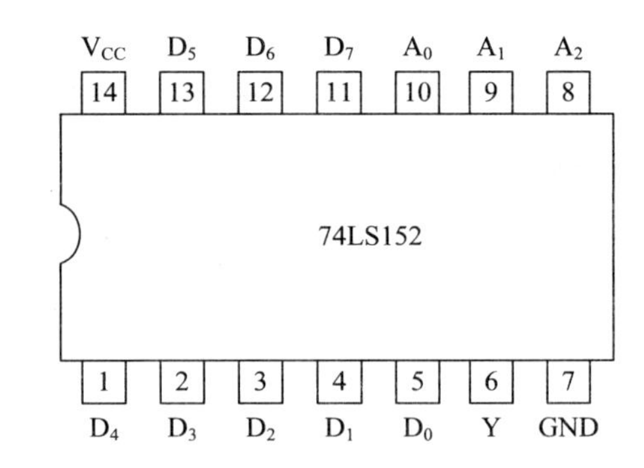

图 2.56　74LS152(CT4152)八选一数据选择器

表 2-7　74LS151(CT4151)八选一数据选择器功能表

	输入			输出	
$\overline{S}$	A_2	A_1	A_0	Y	$\overline{Y}$
1	×	×	×	0	1
0	0	0	0	D_0	$\overline{D_0}$
0	0	0	1	D_1	$\overline{D_1}$
0	0	1	0	D_2	$\overline{D_2}$
0	0	1	1	D_3	$\overline{D_3}$
0	1	0	0	D_4	$\overline{D_4}$
0	1	0	1	D_5	$\overline{D_5}$
0	1	1	0	D_6	$\overline{D_6}$
0	1	1	1	D_7	$\overline{D_7}$

(4) 运算电路。

① 全加器(见图 2.57 及表 2-8)。

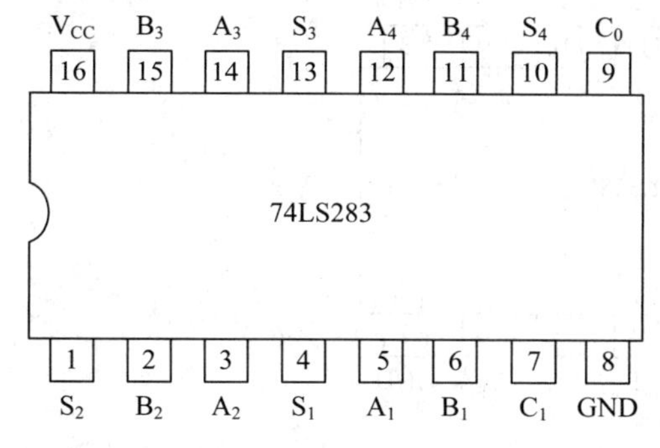

图 2.57　74LS283(CT4283)四位并行进位全加器

表 2-8　全加器的真值表

C_i	A	B	C_0	S
0	0	0	0	0
0	0	1	0	1
0	1	0	0	1
0	1	1	1	0
1	0	0	0	1
1	0	1	1	0
1	1	0	1	0
1	1	1	1	1

② 比较器(见图 2.58 及表 2-9)。

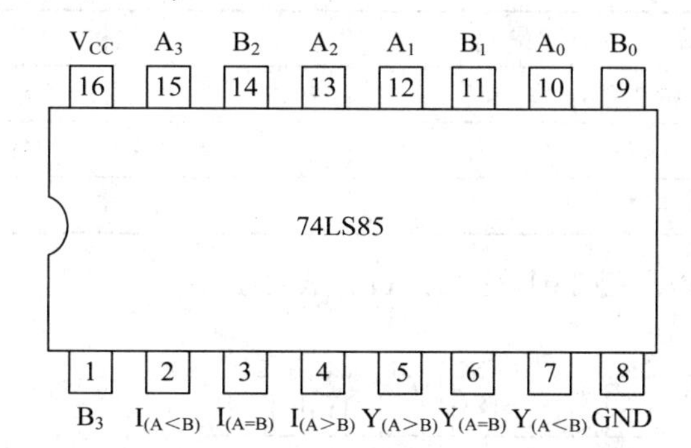

图 2.58　74LS185(CT4085)四位数值比较器

表 2-9　74LS85 功能表

A_3　B_3	A_2　B_2	A_1　B_1	A_1　B_1	I(A > B)	I(A < B)	I(A = B)	Y(A > B)	Y(A < B)	Y(A = B)
$A_3>B_3$	×	×	×	×	×	×	1	0	0
$A_3<B_3$	×	×	×	×	×	×	0	1	0
$A_3=B_3$	$A_2>B_2$	×	×	×	×	×	1	0	0
$A_3=B_3$	$A_2<B_2$	×	×	×	×	×	0	1	0
$A_3=B_3$	$A_2=B_2$	$A_1>B_1$	×	×	×	×	1	0	0
$A_3=B_3$	$A_2=B_2$	$A_1<B_1$	×	×	×	×	0	1	0
$A_3=B_3$	$A_2=B_2$	$A_1=B_1$	$A_0>B_0$	×	×	×	1	0	0
$A_3=B_3$	$A_2=B_2$	$A_1=B_1$	$A_0<B_0$	×	×	×	0	1	0
$A_3=B_3$	$A_2=B_2$	$A_1=B_1$	$A_0=B_0$	1	0	0	1	0	0
$A_3=B_3$	$A_2=B_2$	$A_1=B_1$	$A_0=B_0$	0	1	0	0	1	0
$A_3=B_3$	$A_2=B_2$	$A_1=B_1$	$A_0=B_0$	0	0	1	0	0	1
$A_3=B_3$	$A_2=B_2$	$A_1=B_1$	$A_0=B_0$	×	×	1	0	0	1
$A_3=B_3$	$A_2=B_2$	$A_1=B_1$	$A_0=B_0$	1	1	0	0	0	0
$A_3=B_3$	$A_2=B_2$	$A_1=B_1$	$A_0=B_0$	0	0	0	1	1	0

③ 奇偶校验器(见图 2.59 及表 2-10)。

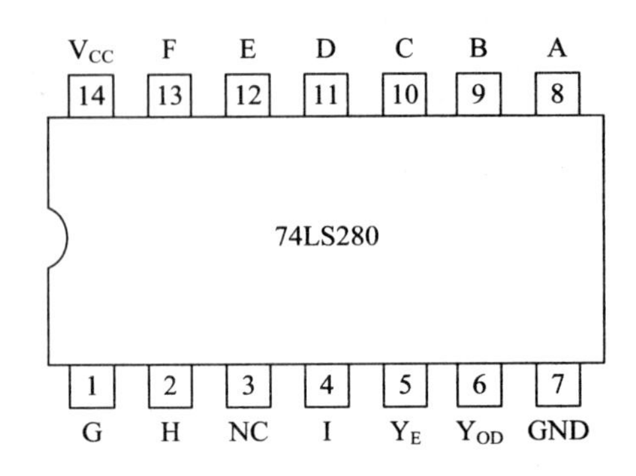

图 2.59 74LS280(CT4280)九位奇偶校验器

表 2-10 74LS280 功能表

输 入	输 出
A…I 中 1 的个数	Y_E Y_{OD}
偶数	1 0
奇数	0 1

(5) 触发器(见图 2.60、图 2.61 及表 2-11、表 2-12)。

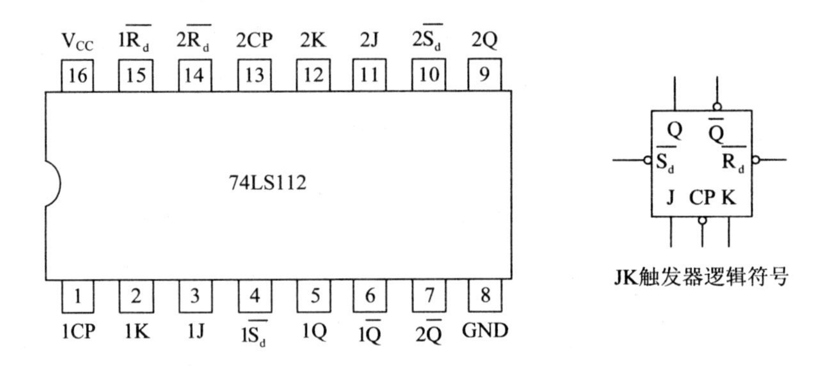

图 2.60 74LS112(CT4112)双 JK 触发器

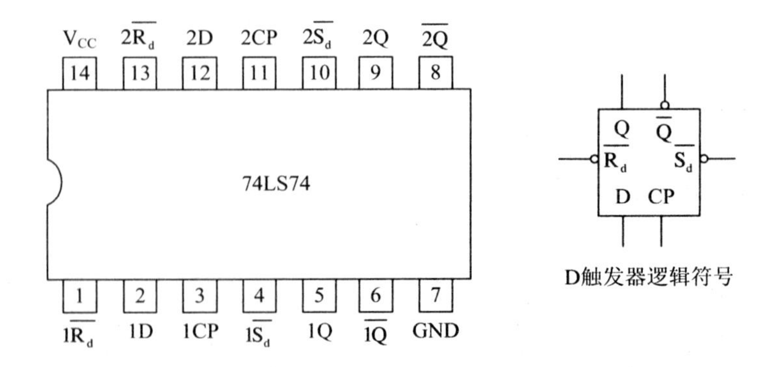

图 2.61 74LS74(CT4074)双 D 触发器

表 2-11　JK 触发器的特性表

J	K	Q^n	Q^{n+1}
0	0	0	0
0	0	1	1
0	1	0	0
0	1	1	0
1	0	0	1
1	0	1	1
1	1	0	1
1	1	1	0

表 2-12　D 触发器的特性表

D	Q^n	Q^{n+1}
0	0	0
0	1	0
1	0	1
1	1	1

(6) 寄存器和移位寄存器。

① 8D 寄存器 74LS273(见图 2.62 及表 2-13)。

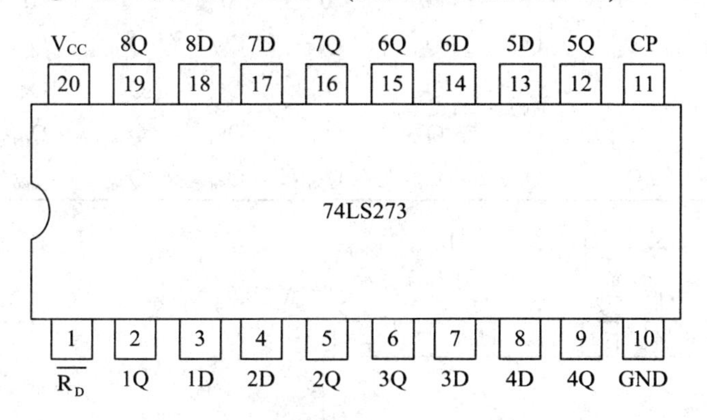

图 2.62　74LS273 8D 触发器

(公共时钟，单线输出，上升沿触发)

表 2-13　74LS273 功能表

$\overline{R_d}$	CP	D	Q
0	×	×	
1	↑	1	1
1	↑	0	0
1	0	×	Q_0

② 四位双向移位寄存器 74LS194(见图 2.63 及表 2-14)。

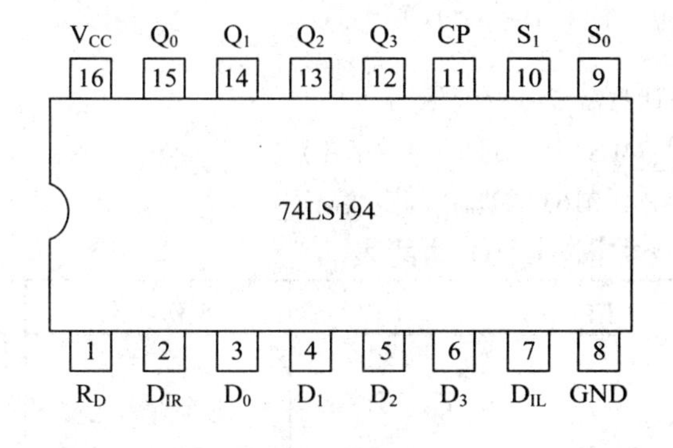

图 2.63　74LS194(CT4194)四位双向移位寄存器

表 2-14　74LS194 功能表

$\overline{R_d}$	S_1	S_0	工作状态
0	×	×	置零
1	0	0	保持
1	0	1	右移
1	1	0	左移
1	1	1	并行输入

③ 八位并行输出串行输入移位寄存器 74LS164(图 2.64 及表 2-15)。

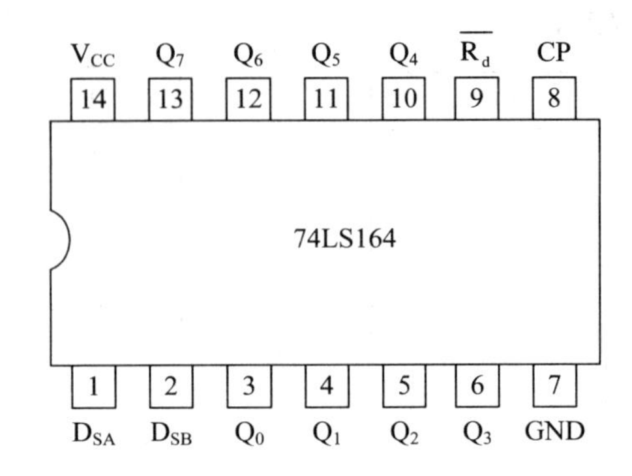

图 2.64　74LS164(CT4164)八位并行输出串行输入移位寄存器(异步清除)

表 2-15　74LS164 功能表

$\overline{R_d}$	CP	D_{SA}	D_{SB}	Q_0	Q_1	Q_2	Q_3	Q_4	Q_5	Q_6	Q_7
0	×	×	×	0	0	0	0	0	0	0	0
1	0	×	×	Q_{00}	Q_{10}	Q_{20}	Q_{30}	Q_{40}	Q_{50}	Q_{60}	Q_{70}
1	↑	1	1	1	Q_{0n}	Q_{1n}	Q_{2n}	Q_{3n}	Q_{4n}	Q_{5n}	Q_{6n}
1	↑	0	×	0	Q_{0n}	Q_{1n}	Q_{2n}	Q_{3n}	Q_{4n}	Q_{5n}	Q_{6n}
1	↑	×	0	0	Q_{0n}	Q_{1n}	Q_{2n}	Q_{3n}	Q_{4n}	Q_{5n}	Q_{6n}

(7) 计数器(见图 2.65～图 2.68 及表 2-16、表 2-17)。

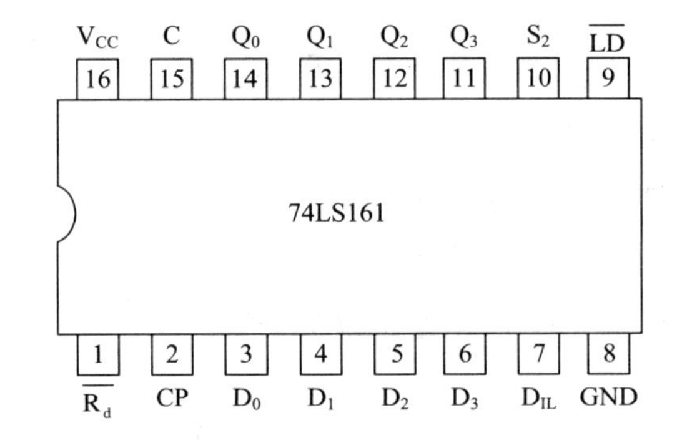

集成同步加法计数器

图 2.65　74LS160 十进制(直接清零)74LS161 二进制(直接清零)
74LS162 十进制(同步清零)74LS163 二进制(同步接清零)

表 2-16　四位同步二进制计数器 74161 功能表

CP	$\overline{R_d}$	$\overline{LD}$	EP	ET	工作状态
×	0	×	×	×	置零
↑	1	0	×	×	预置数
×	1	1	0	1	保持
×	1	1	×	0	保持(但 C=0)
↑	1	1	1	1	计数

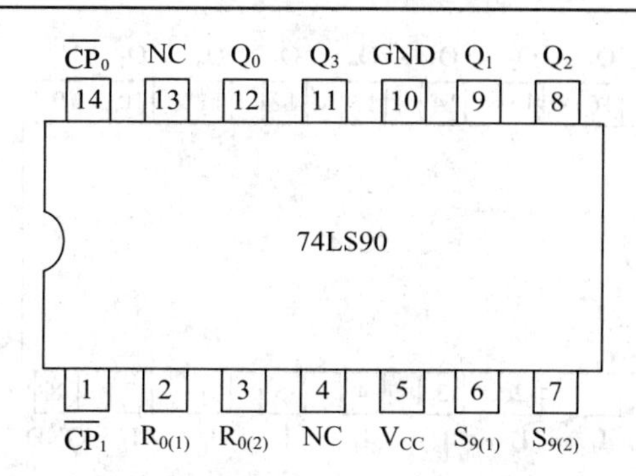

图 2.66　74LS90(CT4090)异步二—五—十进制计数器

表 2-17　74LS90 功能表

输入				输出			
复位端		置位端		Q_3	Q_2	Q_1	Q_0
$R_{0(1)}$	$R_{0(2)}$	$S_{9(1)}$	$S_{9(2)}$				
1	1	0	×	0	0	0	0
1	1	×	0	0	0	0	0
×	×	1	1	1	0	0	1
0	×	0	×	计数			
×	0	×	0				
0	×	×	0				
×	0	0	×				

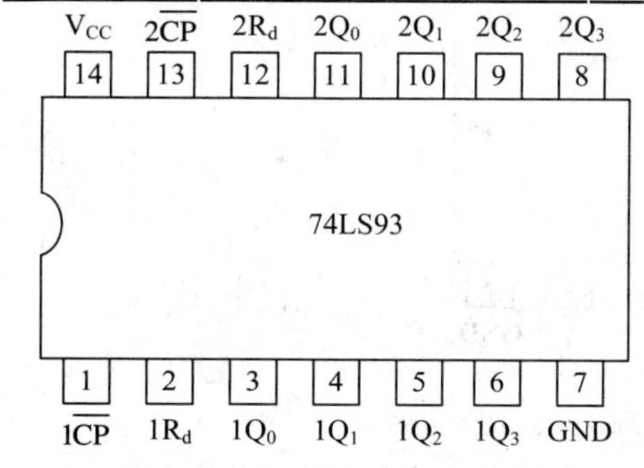

图 2.67　74LS93(CT4093)双四位二进制计数器

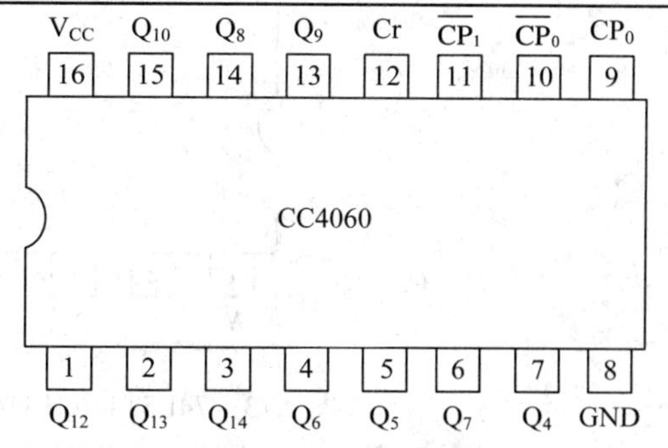

图 2.68　CC406014 位二进制串行计数器/分频器

(8) 驱动器与数码管(见图 2.69～图 2.73)。

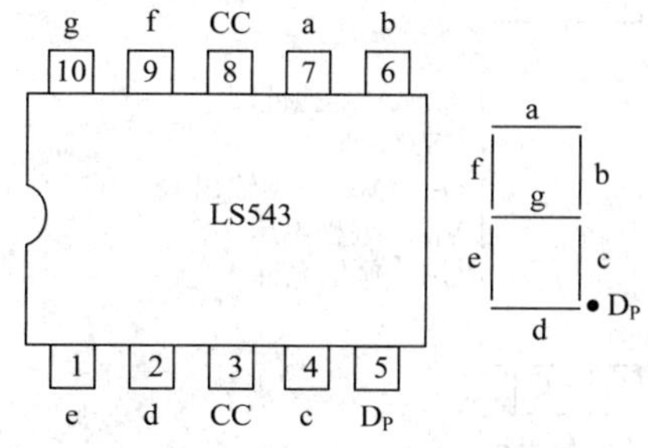

图 2.69　LS543(54)共阴极八段数码管

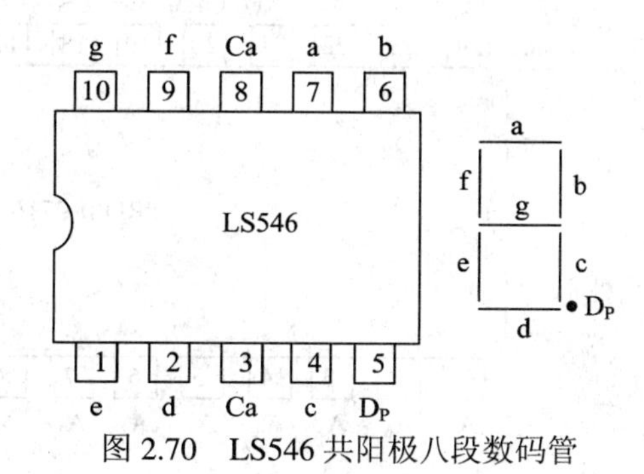

图 2.70　LS546 共阳极八段数码管

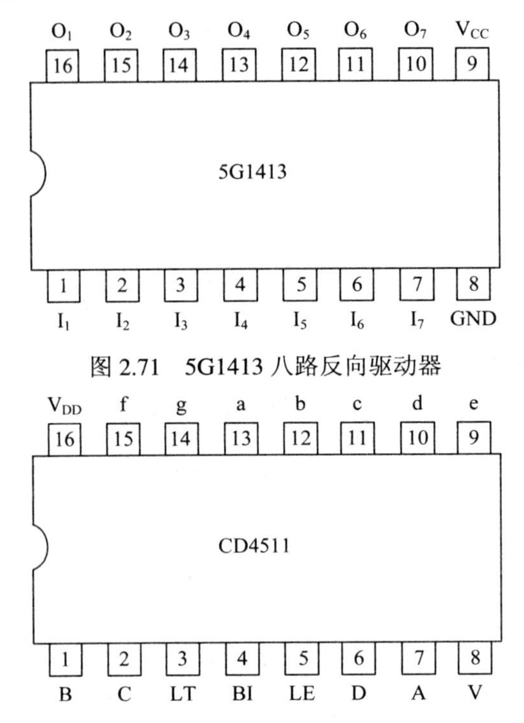

图 2.71　5G1413 八路反向驱动器

图 2.72　CD4511(5G4511)BCD 七段译码/锁存/驱动器

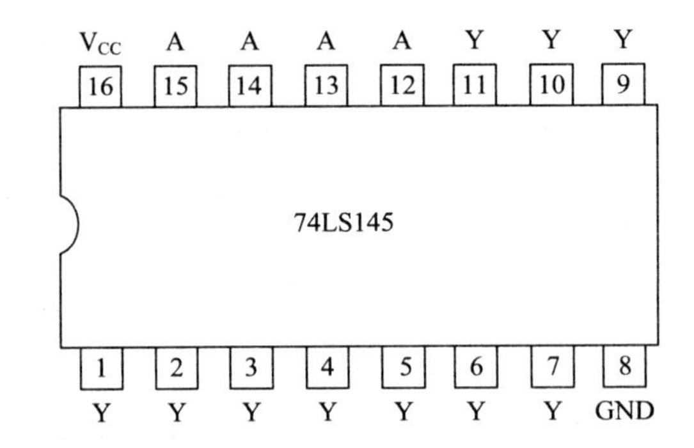

图 2.73　74LS145(CT4145)BCD 十进制译码器/驱动器

(9) 存储器(见图 2.74、图 2.75 及表 2-18、表 2-19)。

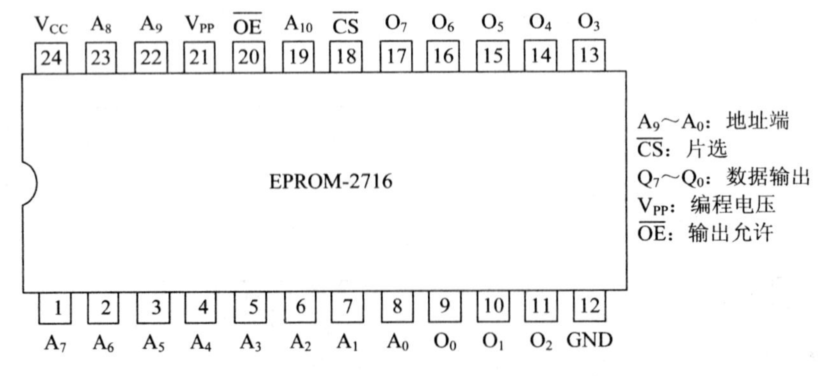

图 2.74　EPROM-2716 可编程可擦只读存储器

表 2-18　EPROM-2716 工作方式选择

引脚 / 工作方式	$\overline{CS}$ (18)	$\overline{OE}$ (20)	V_{PP}(21)	V_{CC}(24)	输出(9～11，13～17)
读	V_{IL}	V_{IL}	V_{CC}	V_{CC}	D_{OUT}
维持	V_{IH}	任意	V_{CC}	V_{CC}	高阻
编程	V_{IL}	V_{IH}	25V	V_{CC}	D_{IN}
编程检验	V_{IL}	V_{IL}	25V	V_{CC}	D_{OUT}
编程禁止	V_{IH}	V_{IH}	25V	V_{CC}	高阻

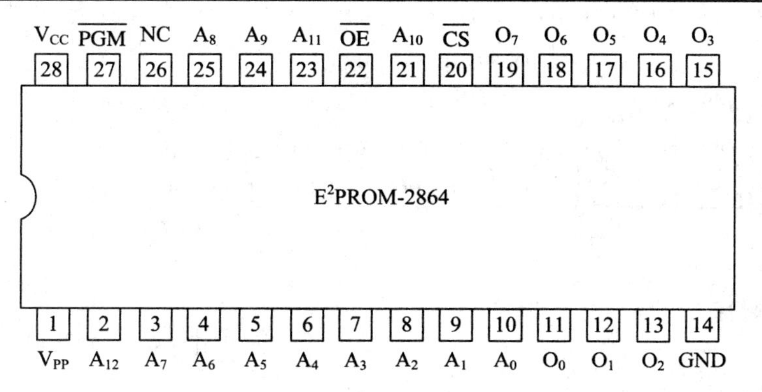

A_{12}～A_0：地址端
$\overline{CS}$：片选
$\overline{OE}$：输出允许
Q_7～Q_0：数据输出
V_{PP}：编程电压
$\overline{PGM}$：编程

图 2.75　E^2PROM-2864 电可擦可编程只读存储器

表 2-19　E^2PROM-2864 工作方式选择

引脚 / 工作方式	$\overline{CS}$ (18)	$\overline{OE}$ (22)	V_{PP}(1)	V_{CC}(28)	PGM(27)	输出(11～13，15～19)
读	V_{IL}	V_{IL}	V_{CC}	V_{CC}	V_{IH}	D_{OUT}
维持	V_{IH}	任意	V_{CC}	V_{CC}	任意	高阻
编程	V_{IL}	V_{IH}	5V	V_{CC}	V_{IL}	D_{IN}
编程检验	V_{IL}	V_{IL}	5V	V_{CC}	V_{IH}	D_{OUT}
编程禁止	V_{IH}	任意	5V	V_{CC}	任意	高阻

(10) 定时器(见图 2.76、图 2.77)。

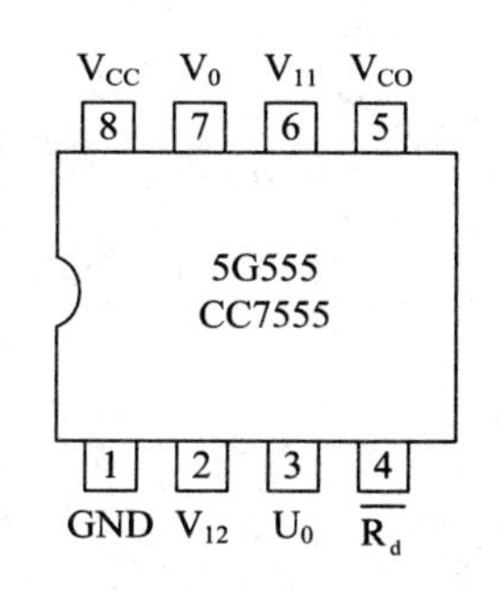

图 2.76　5G555(CC7555)定时器

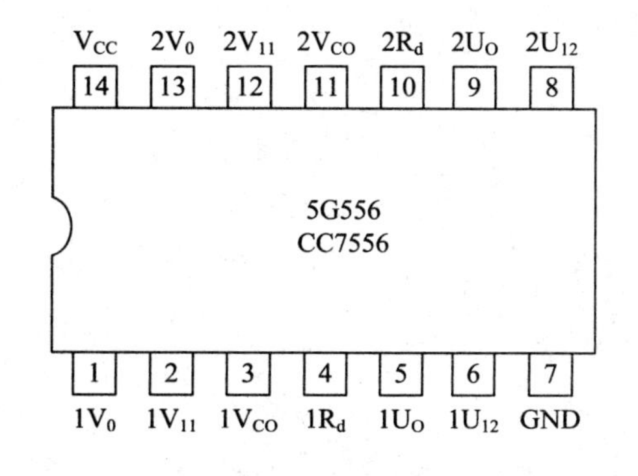

图 2.77　5G556(CC7556)双定时器

(11) 双向模拟开关(见图 2.78)。

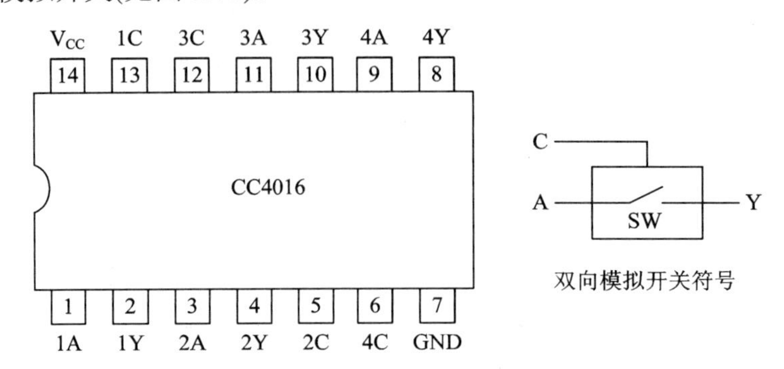

图 2.78 CC4016 四双向模拟开关

(12) 可编程逻辑器件(见图 2.79)。

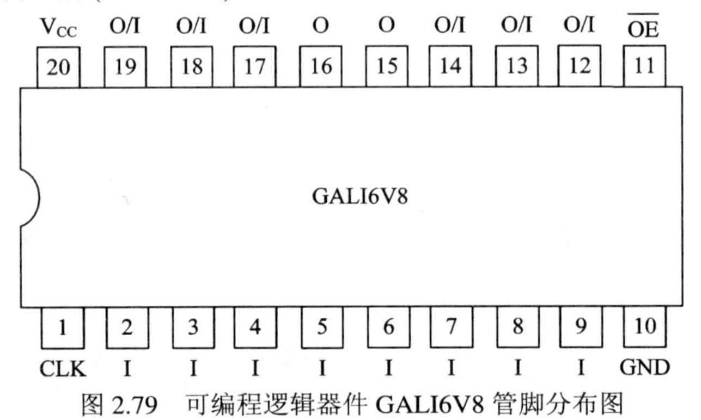

图 2.79 可编程逻辑器件 GALI6V8 管脚分布图

第 3 章　电工技术课程设计

3.1　电气控制电路基础

电气控制电路是用导线将电动机、电器、仪表等元器件按照一定要求连接起来，并实现某种特定控制要求的电路。为了表达生产机械的电气控制系统的结构、原理等设计意图，便于电气系统的安装、调试、使用和维修，将电气控制系统中各元件及其连接线路用一定的图形和文字符号表达出来，这就是电气控制系统图。

电气控制系统图一般有三种：电气原理图、电器布置图和电气安装接线图。在图上用不同的文字符号、图形符号来表示各种电器元件。各种图有其不同的用途和规定画法，应根据简明易懂的原则，采用国家统一标准的图形、文字符号和标准画法来绘制。表 3-1 中介绍了国标规定的有关电气控制常用的元器件的图形和文字符号。

表 3-1　常用电气控制元器件的图形和文字符号

类　别	名　称	图形符号	文字符号
开关	单极控制开关	或	SA
	手动开关		SA
	三级控制开关		QS
按钮	常闭按钮		SB
	常开按钮		SB
	复合按钮		SB

续表一

类　别	名　称	图形符号	文字符号
接触器	线圈	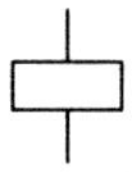	KM
	主触头	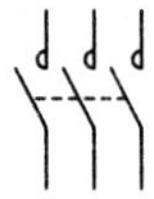	KM
	常开辅助触头		KM
	常闭辅助触头		KM
热继电器	发热元件	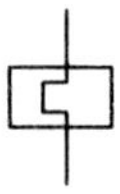	FR
	常闭触头		FR
中间继电器	线圈	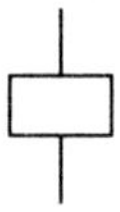	KA
	常开触头		KA
	常闭触头		KA
时间继电器	通电延时线圈	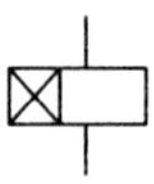	KT
	断电延时线圈	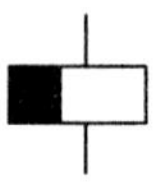	KT
	瞬时闭合的常开触头		KT

续表二

类　别	名　称	图形符号	文字符号
时间继电器	瞬时断开的常闭触头		KT
	通电延时的常开触头	或	KT
	通电延时的常闭触头	或	KT
	断电延时的常闭触头	或	KT
	断电延时的常开触头	或	KT
熔断器	熔断器		FU
电动机	三相鼠笼式异步电动机	M 3～	M
	三相绕线式异步电动机	M 3～	M
	直流电动机	M	M
变压器	变压器		T
灯	灯		HL

1．电气原理图的绘制原则

电气控制线路通常用原理图表示，原理图是用国标规定的图形和文字符号，按照要实现的控制要求组成的电路图。

电气控制原理图的绘制原则及读图方法如下：

(1) 按国标规定的电工图形符号和文字符号画图。

(2) 控制线路由主电路(被控制负载所在电路)和控制电路 (控制主电路状态)组成。此外还有信号电路和照明电路等。

(3) 属于同一电器元件的不同部分(如接触器的线圈和触点)常常按其功能和所接电路的不同分别画在不同的电路中，但必须标注相同的文字符号。

(4) 所有电器的图形符号均按常态画出，即按动作原因未出现前的状态绘制。

(5) 与电路无关的部件(如铁芯、支架、弹簧等) 在控制电路中不画。

阅读电气原理图的步骤：一般先熟悉工艺要求，再看主电路，然后再读控制电路，最后阅读显示及照明等辅助电路。

分析和设计控制电路时应注意以下几点：

(1) 使控制电路简单，电器元件少，而且工作要准确可靠。

(2) 尽可能地避免多个电器元件依次动作才能接通另一个电器的控制电路。

(3) 必须保证每个线圈的额定电压，不能将两个线圈串联。

2. 典型控制电路

下面以笼型三相异步电动机为控制对象，介绍电动机的典型控制线路。

1) *点动控制*

所谓点动控制，就是指按一下按钮，电动机就转动，松开按钮，电动机就停止。这种控制常用于设备(如机床)的调试、修车等。

图 3.1 所示为点动控制的控制电路，它由组合开关 QS、熔断器 FU、按钮 SB、接触器 KM 和电动机 M 组成。电路由主电路和控制电路两部分组成。

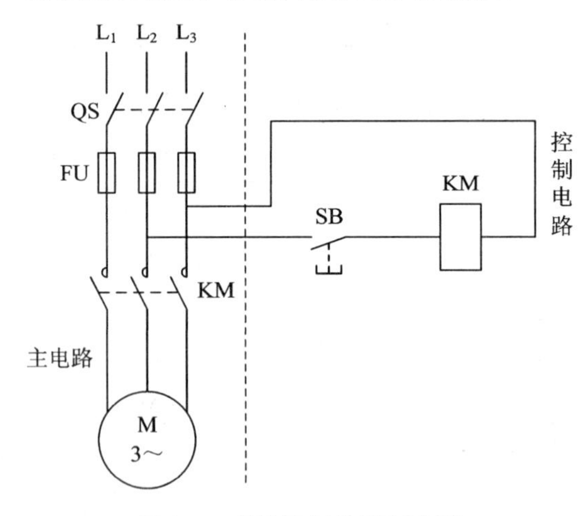

图 3.1　点动控制的控制电路

需要点动时，先合上组合开关 QS，按下按钮 SB，接触器 KM 的线圈得电产生电磁力，使衔铁吸合，带动常开的主触头闭合，电动机接通电源便转动起来。若松开按钮，则接触器线圈断电，主触头分开，切断电源，电动机停转。

2) *单方向连续控制*

大多数生产机械需要连续工作，如机床、通风机、水泵等，如果仍采用图 3.1 所示的点动控制电路，显然是不符合设计要求的。为了使电动机在按钮松开后还能继续转动，可将接触器的一对辅助常开触头(这对辅助触头和主触头同时闭合)与启动按钮并联，如图 3.2

所示。当闭合上组合开关 QS，按下启动按钮 SB_2 以后，接触器线圈 KM 获电，衔铁吸合，接触器主触头 KM 闭合，电动机转动。同时与按钮并联的接触器辅助触常开头 KM 也闭合，从而为接触器线圈提供了另一条通路，此时松开按钮后接触器线圈能保持通电，电动机就能连续转动。接触器用自己的常开辅助触头“锁住”自己的线圈电路，这种作用称为“自锁”。此时接触器的常开辅助触头称为“自锁触头”。

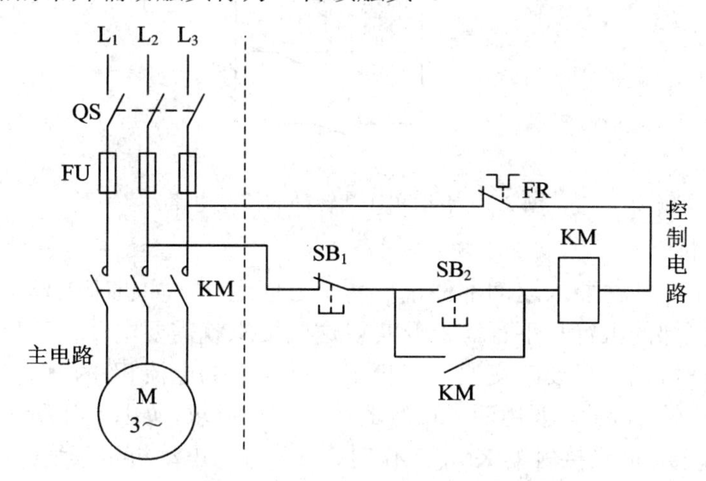

图 3.2　单方向连续控制线路

按下停止按钮 SB_1，接触器 KM 线圈断电，接触器主触头和常开辅助触头都断开，电动机因断电而停转。此时即使停止按钮复位，接触器线圈也不能获电，电动机也不能转动。

采用上述控制电路还可以实现短路保护、过载保护、欠压保护和零压(失压)保护。

(1) 短路保护。在电路中实现短路保护的是熔断器 FU。当电路中主电路或者控制电路发生短路时，流过熔断器熔体电流比正常过载电流大得多，熔体立即熔断，切断电路。

(2) 欠压保护。“欠电压”是指电源的电压低于电动机应加的额定电压。其后果是电动机转矩显著减小、转速随之下降，严重时会损坏电动机。在上述具有接触器自锁的控制电路中，当电动机运行时，电源电压降到一定值(一般是降低到额定电压的 85%以下)，此时电磁吸力不足，自锁触头和主触头同时断开，失去自锁并切断电动机电源，达到欠压保护。

(3) 零压(失压)保护。当电动机及生产机械运行时，由于外界的原因突然断电，电动机被迫停转。当恢复供电时，电动机若自行启动，很可能发生设备与人身事故，我们将防范这种事故的保护称为零电压(失电压)保护。采用接触器自锁控制就具有这样的功能，断电时，接触器自锁触头和主触头一起分断，恢复供电时，电动机不会自行启动。

(4) 过载保护。电动机及生产设备在运行中，若长时间负载过大或操作频繁，会引起电流超过额定电流，这将引起电动机绕组过热，致使绝缘损坏，影响其使用寿命，因此要对电动机采用过载保护。上述电路是由热继电器 FR 实现过载保护的。当电流超过额定值，经过一定时间后，串联在主电路中的发热元件因受热而弯曲，使串联在控制电路中的常闭触头断开，切断控制电路，进而切断主电路，迫使电动机停转，达到过载保护的目的。

在实际生产中，往往需要既可以点动又可以连续转动的控制电路，如图 3.3 所示。SB_2 为连续控制按钮，SB_3 为点动控制按钮，利用复合按钮先离后合的特点，使自锁在点动时不起作用。SB_1 为停车按钮。

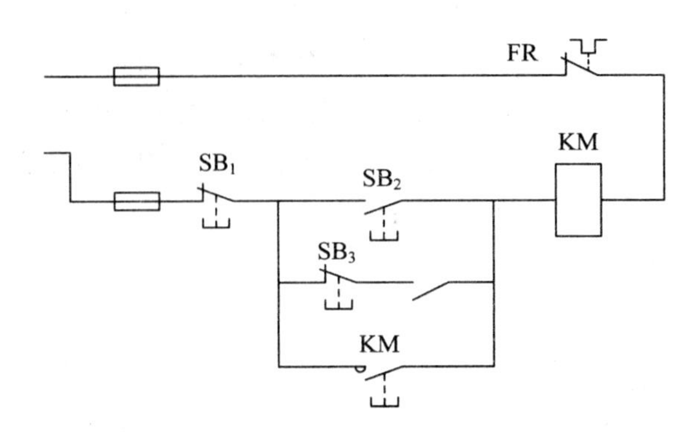

图 3.3 点动和连续转动的控制电路

3) 正反转控制

在实际生产中，往往要求运动部件正反两个方向运动。如机床工作台的前进与后退，主轴的正反转，电梯的上行与下行等，要实现这些要求就需要电动机正反转。由三相异步电动机的工作原理可知，只要改变通入三相定子绕组中的电流相序，即任意对调两根电源进线就可以实现反转。因此，要用两个接触器实现这一要求，如图 3.4 所示，当接触器 KM_F 工作时，电动机正转，而当接触器 KM_R 工作时，由于进入电动机定子绕组的电流相序变了，电动机反转。

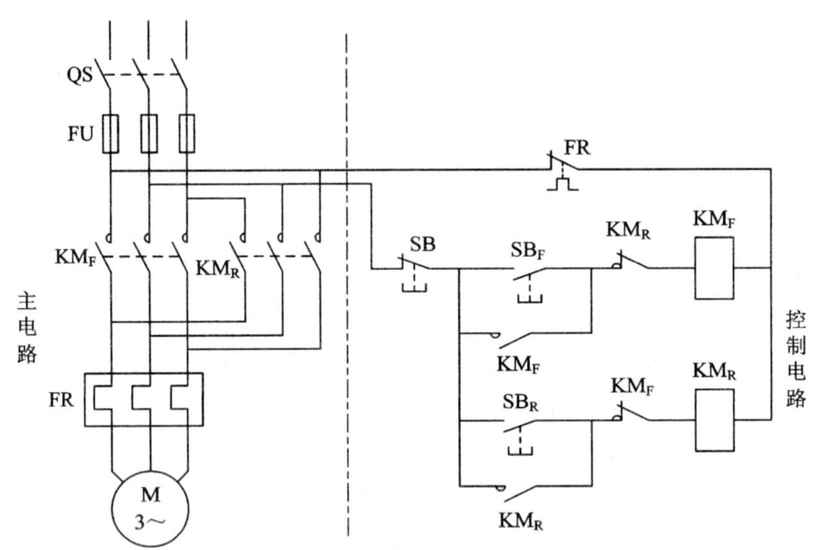

图 3.4 电动机正反转控制电路

由图 3.4 中的主电路可知，两个接触器的主触头决不允许同时闭合，否则两根电源线通过主触头时会发生短路。在一个接触器工作时决不允许另一个接触器工作，所以电动机正反转控制电路必须保证两个接触器不能同时工作。

在正反转控制电路中，在同一时间两个接触器只允许一个工作的控制作用称为互锁或联锁。下面介绍两种常用的具有互锁的正反转控制电路。

(1) 接触器互锁控制电路。该控制电路如图 3.4 所示，它将两只接触器的常闭辅助触头串联到对方接触器线圈所在支路，即 KM_F 常闭触头串联于 KM_R 线圈支路，KM_R 常闭触头

串联于 KM_F 线圈支路。这样，当按下正转启动按钮 SB_F 时，正转接触器线圈 KM_F 通电，串联在反转接触器线圈支路中的常闭辅助触头 KM_F 断开，从而切断了 KM_R 线圈支路，这样即使按下反转启动按钮 SB_R，反转接触器 KM_R 线圈无法通电。反之亦然。这样就保证两个接触器不能同时通电，实现互锁。

这种线路的缺点是，如果改变电动机转向，必须先按停止按钮 SB，故操作不方便。

(2) 双重互锁正反转控制。该控制电路如图 3.5 所示。它采用复合按钮，将正转按钮 SB_F 的常闭触头串联接在反转控制支路中，又将反转按钮 SB_R 的常闭触头串联在正转的控制支路中。由于复合按钮有先离后合的特点，因此，在按下 SB_F 时，其常闭触头先行分断，断开反转控制电路，紧接着其常开触头闭合，接通正转控制电路，接触器 KM_F 线圈通电，电机正转。若电机反转，只需直接按下反转按钮 SB_R，这时先断开正转控制电路，正转停止，继而接通反转控制电路使电动机反转。此电路采用了接触器和复合按钮双重互锁，因此安全可靠、操作方便。

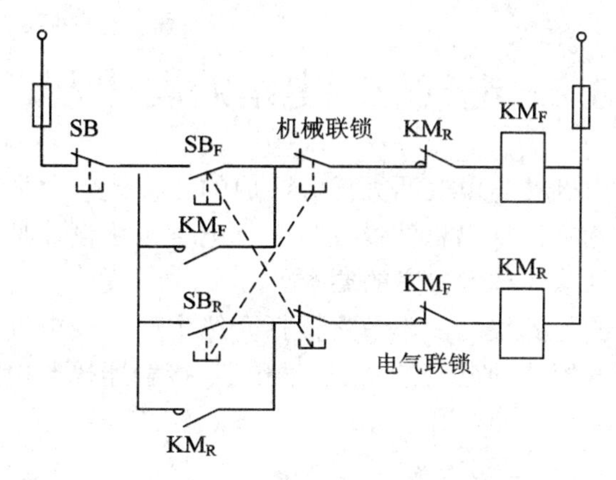

图 3.5　双重互锁控制电路

4) *顺序控制*

有些生产机械往往要求多台电动机按一定顺序启停。例如，在机床工作中，必须先启动液压泵电动机，使润滑系统有足够的润滑油以后，才能启动主轴电动机；若液压泵电动机因某种原因停转，主轴电动机就会马上停止。如图 3.6 所示，图中 M_1 是液压泵电动机，M_2 是主轴电动机。为了确保 M_1 先启动，M_2 后启动，将接触器 KM_1 的一对常开的辅助触头串联在接触器 KM_2 线圈的支路中；为了使 M_2 先停、M_1 后停，必须将 KM_2 一对常开辅助触头并联在停止按钮 SB_1 的两端。这样，当按下启动按钮 SB_2 时，控制液压泵电动机的接触器 KM_1 线圈获电，其主触头与自锁触头闭合，电动机 M_1 转动。同时串联在接触器 KM_2 线圈支路中的接触器 KM_1 的常开辅助触头也闭合，为启动主轴电动机 M_2 做好准备。如果 M_1 未启动，即使按下启动按钮 SB_4，M_2 也无法启动。当液压泵电动机 M_1 因故停转时，由于接触器 KM_1 线圈失电，其串联在接触器 KM_2 线圈支路中的接触器 KM_1 的常开辅助触头也断开，致使接触器 KM_2 线圈失电，电动机 M_2 也停转。另外，在正常运行的过程中，如果要停车，则必须先按下停止按钮 SB_3，使接触器 KM_2 线圈失电，电动机 M_2 停转，此时与停止按钮 SB_1 并联的接触器 KM_2 的辅助常开触头断开，然后再按下停止按钮 SB_1，方能使 M_1 停转。如果 M_2 电动机未停止，则按下停止按钮 SB_1，此时电动机 M_1 也无法停转。

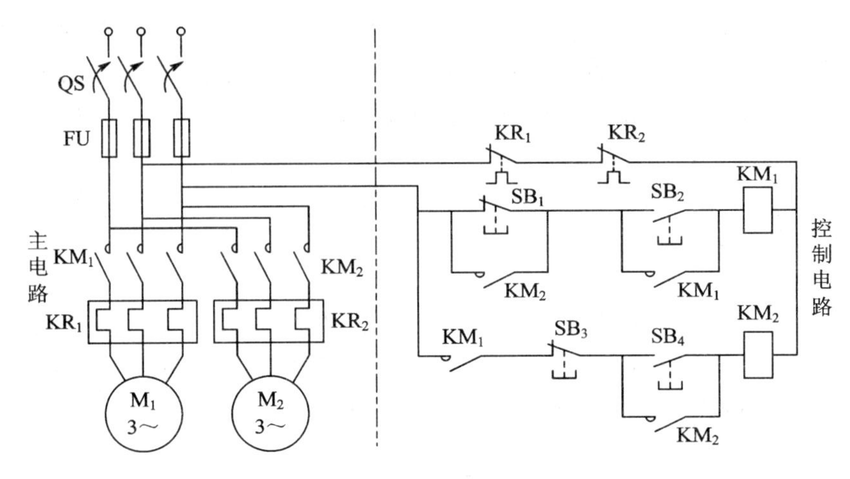

图 3.6　顺序控制控制电路

3.2　电气控制电路的设计方法

生产机械一般都是由机械与电气两大部分组成的。设计一台生产机械，首先要明确该生产机械的设计要求，然后拟订出总体设计方案。电气系统设计是总体设计的重要组成部分，电气系统设计要满足总体技术方案的要求。

电气系统设计涉及的内容很广，本节将概括介绍生产机械电气控制设计的基本内容。在介绍电气控制基本环节的基础上，重点阐述继电器-接触器控制电路设计的一般规律及设计方法。

1. 电气控制电路设计的一般方案

电气控制设计与机械结构设计是密不可分的，虽然是两种不同的设计，但相互之间有着密切的联系。例如，电气控制系统的走线要通过生产机械送到各个零部件，需要机械设计人员在部件设计时留出走线的空间。所以机械设计人员要懂得电气控制的原理，电气控制设计人员也需要对机械设计有大概的了解。本节就生产机械电气控制设计的主要内容，以及电气控制系统如何满足生产机械主要技术性能加以讨论。

1) 生产机械主要的技术性能

生产机械主要的技术性能是指机械传动、液压和气动系统的工作特性，以及对电气控制系统的要求。

2) 生产机械的电气技术性能

生产机械的电气技术性能是指电气传动方案。它由生产机械的结构、传动方式、调试要求，以及对启动、制动、正反向要求等来决定。

机械的主运动与进给运动都有一定调速范围的要求，要求不同，采用的调速方案也不同，调速性能的好坏与调速方式密切相关。中小型机床一般采用单速笼型异步电动机，用变速箱传动；对传动功率较大、主轴转速较低的异步电动机，为了降低成本，简化变速机构，可选用转速较低的异步电动机；对调速范围、调速精度、调速的平滑性要求较高的生产设备，可考虑采用交流变频调速和直流调速系统，满足无级调速和自动调速的要求。

用电动机完成生产机械的正、反向运动比机械方法简单容易，因此只要条件允许，应尽可能由电动机来实现。传动的电动机是否需要制动，要根据生产机械的需要而定。在电动机频繁启动、制动或经常正、反转的情况下，必须采取措施限制电动机的启动电流和制动电流。

3) 电动机的调速性质应与负载的特性相适应

调速性质是指转矩、功率与转速的关系。由于机床的切削运动(主运动)属于恒功率传动性质，而进给运动则需要恒转矩传动性质，所以机床的主运动需要恒功率的电动机，通过变速箱来进行调速。因此一定要选择交流电动机，这样才能保证电动机的调速性质和负载的调速性质相匹配，可以充分利用电动机功率。而进给运动属于恒转矩调速性质，一定要用改变电枢电压且在额定转速以下调速的直流电动机和齿轮箱调速，来满足电动机的调速性质和负载的调速性质相匹配。

4) 正确合理地选择电气控制方式

正确合理地选择电气控制方式，是生产机械电气设计的主要内容。电气控制方式应能保证机床的使用效能和动作程序，以及自动循环的基本要求。现代生产机械的控制方式与其结构密切相关，而且还影响着机械结构和总体方案，所以电气的控制方式必须根据生产机械的总体技术要求来确定。

普通生产机械的工作程序往往是固定的，使用时并不需要经常改变原有的程序，这样的生产机械可采用有触点的继电器-接触器控制系统，它的控制电路接线为固定的“死”程序。有触点控制系统是靠继电器和接触器触点的接通与断开来进行控制的。其优点是控制的功率较大，控制方法简单、工作稳定、便于维护、成本低；缺点是程序不能改变。

随着计算机技术的发展，可编程控制器得到了广泛的应用。它是继电器-接触器的有触点控制与计算机的无触点控制相结合的一种新型通用的控制部件。其优点是程序可编，而且还具有继电接触器的优点。可编程控制器因为程序可编，大大缩短了电气设计、制造安装和调试的周期，使生产机械的电气控制系统具有较大的灵活性和适应性。

5) 电气控制系统设计要考虑供电电网的情况

电气控制系统设计要考虑供电电网的情况，如电网的容量、电压及频率。

综上所述，电气控制系统设计应包括以下内容：

(1) 拟订电气控制系统设计说明书。

(2) 拟订电气传动控制方案，选择电动机。

(3) 设计电气控制系统的原理图。

(4) 选择电气元件，制订外购电气元件目录表。

(5) 设计电气设备的安装图。

(6) 绘制电气设备的接线图。

(7) 编写电气控制系统的说明书和操作说明书。

2．电气控制电路的设计方法

1) 电气控制电路设计的一般要求

电气控制电路分为主电路和控制电路两大部分。主电路是流过负载电流的电路，例如控制电路是控制一台电动机的启动与停止，那么流过电动机定子绕组的电流为负载电流。控制电路是流过控制电流的电路，电动机的启动、停止要靠其触点的接通、断开来实现，触点的接通与断开是由接触器线圈的通电与断电来实现的，所以线圈流过的电流电路就是控制电路。

主电路和控制电路的设计，都必须满足以下要求：

(1) 保证整个系统安全可靠地工作，不能因为一个电气元件的误动作或损坏而发生事故，这是电气控制电路设计的基本原则。

(2) 在安全可靠的前提下，要尽量做到电路简单，电气元件的数量、规格要少，以降低造价。

(3) 控制电路的电源可以是 110 V、220 V 和 380 V，当使用的元器件数量不多时，应使用 220 V 或 380 V 的电源，不可使用控制变压器。

(4) 操作要简单、方便，不能增加操作者的额外负担。

(5) 电气控制电路必须具有可靠的短路和过载保护。

2) 控制电路的设计步骤

一个电气控制系统一般应根据其加工工艺，先确定各台电动机主电路接触器主触点的连接方法，然后确定各接触器的通电顺序，这样也就确定了接触器线圈的通电顺序，由此设计出控制电路。下面通过具体实例说明控制电路的设计步骤。

设计一冷库的电气控制电路，该冷库有 4 台电动机，即水泵电动机、冷却塔电动机、蒸发器电动机和压缩机电动机，还有一个电磁阀。要求：水泵电动机、冷却塔电动机、蒸发器电动机同时启动，压缩机电动机在水泵电动机启动后 5 s 启动，电磁阀在压缩机启动 5 s 后启动；4 台电动机统一停止。

设计步骤：

(1) 设计主电路。因为水泵电动机、冷却塔电动机、蒸发器电动机为同时启动，而它们的容量不大，所以可以共用一个接触器。压缩机要滞后一段时间，而电磁阀又要滞后压缩机电动机一段时间，所以它们两个分别用各自的接触器，通过接触器主触点的动作顺序，即可实现延时启动的要求。图 3.7 为满足上述要求的主电路设计。

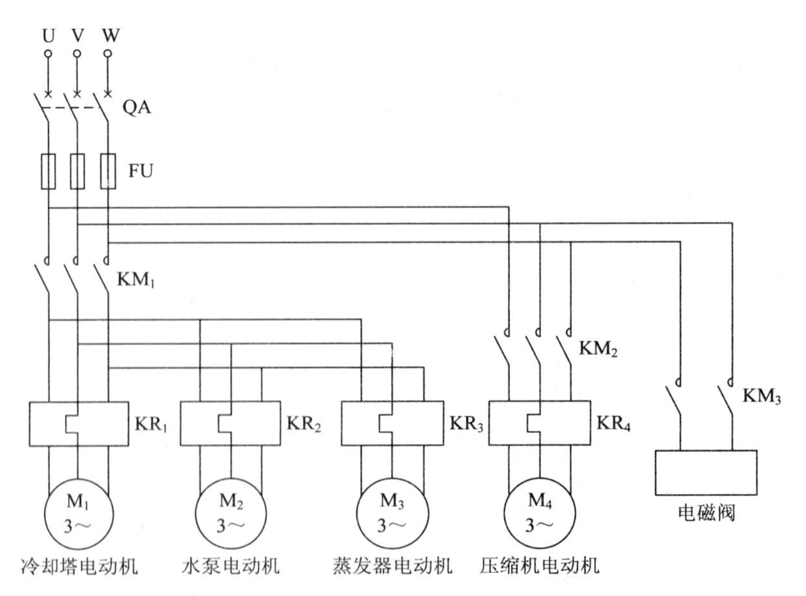

图 3.7 主电路图

(2) 列出各主电路电气元件的动作要求。

① 按下启动按钮后，KM_1 接触器线圈通电，主触点吸合；延时继电器 KT_1 得电开始计时。

② KT_1 得电 5 s 后，KM_2 线圈得电，KM_2 主触点吸合；延时继电器 KT_2 得电开始计时。

③ KT_2 得电 5 s 后，KM_3 线圈得电，KM_3 主触点吸合。

④ 按下停止按钮后，所有线圈失电，主触点断开，电动机立即停止。

(3) 设计基本控制环节。根据控制要求可选择一个自动基本环节和两个时间控制基本环节，如图 3.8 所示。

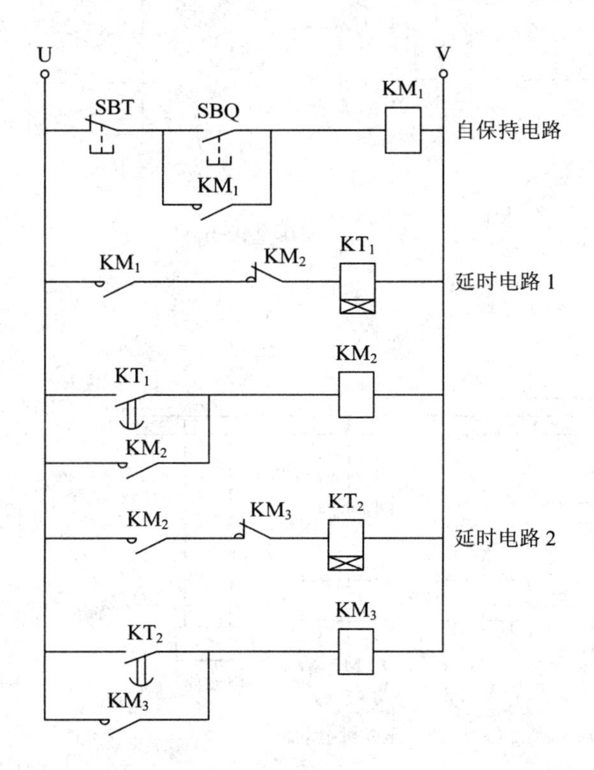

图 3.8　基本控制环节

设计基本电路控制环节要考虑各个环节之间的动作顺序，首先是控制 3 台电动机的接触器 KM_1 的线圈通电吸合并自锁，同时延时继电器 KT_1 线圈通电开始计时，5 s 后压缩机电动机接触器 KM_2 线圈通电，压缩机电动机启动，同时延时继电器 KT_2 线圈得电开始计时，5 s 后电磁阀接触器 KM_3 线圈通电，电磁阀启动。

(4) 基本电路简化。将基本电路中功能相同、接法相同的触点进行简化，如图 3.9(a)、(b)所示。

(5) 电路的完善。电路中还应具有短路保护和过载保护。短路保护用熔断器实现。FU_1～FU_3 为主电路的熔断器，FU_4 和 FU_5 为控制电路的熔断器。过载保护用热继电器实现。FR_1～FR_4 分别为冷却塔电动机、水泵电动机、蒸发器电动机、压缩机电动机的热继电器。4 台电动机中只要有 1 台过载，它对应的热继电器的辅助触点断开，切断控制电路的电源，实现过载保护，如图 3.10 所示。

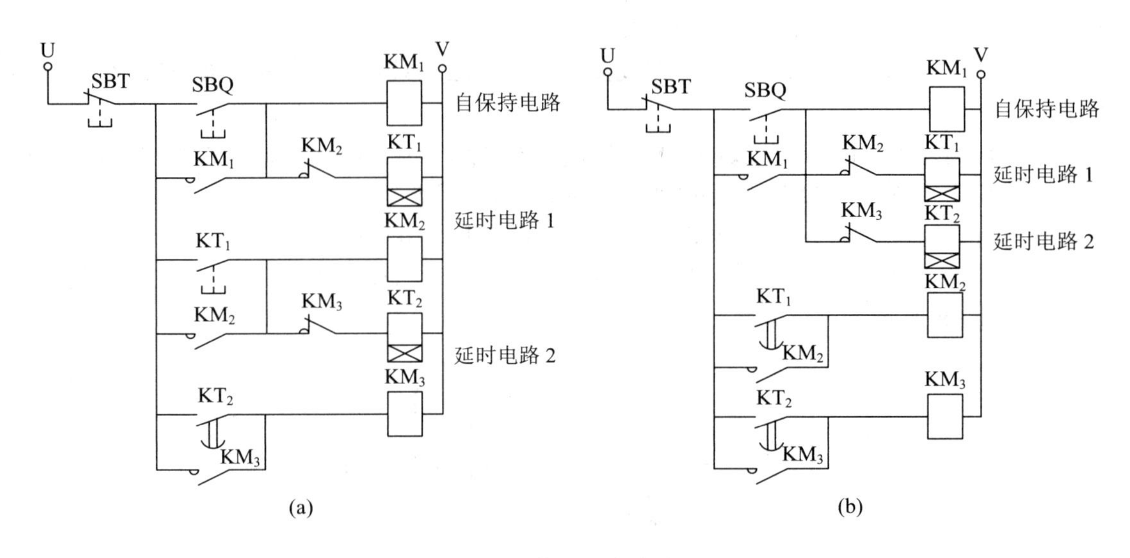

图 3.9　简化基本电路

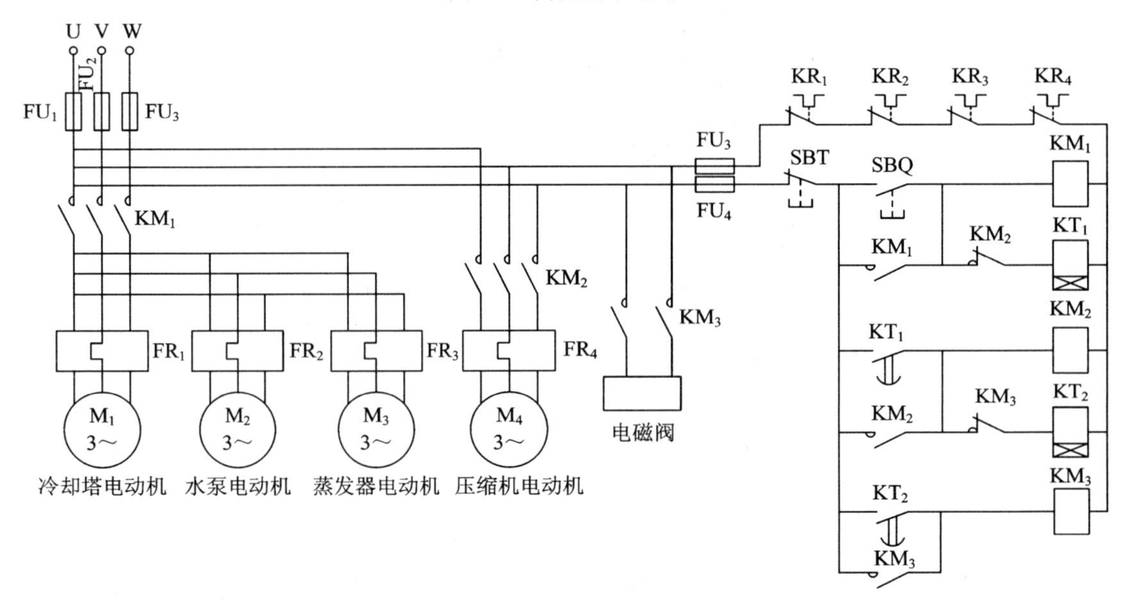

图 3.10　控制电路

(6) 控制电路的显示功能。冷库与冰箱一样，当温度低于设置温度时，应自动停机。为实现这一功能，要求冷库内安装温度控制器。当冷库温度达到设定温度时，温度控制器自动动作，它的触点断开切断电源。因此，将温度控制器 BT 的常闭触点串接在控制电路的总电路中，与停止按钮的作用相同。

该冷库控制电路还应具有工作状态指示灯，包括电源工作指示灯，蒸发器电动机、水泵电动机、冷却塔电动机、压缩机电动机工作指示灯，以及电磁阀打开进入制冷状态指示灯。指示灯与相应接触器的常开触点串联后，并联在控制电路的两端。完整的控制电路如图 3.11 所示。

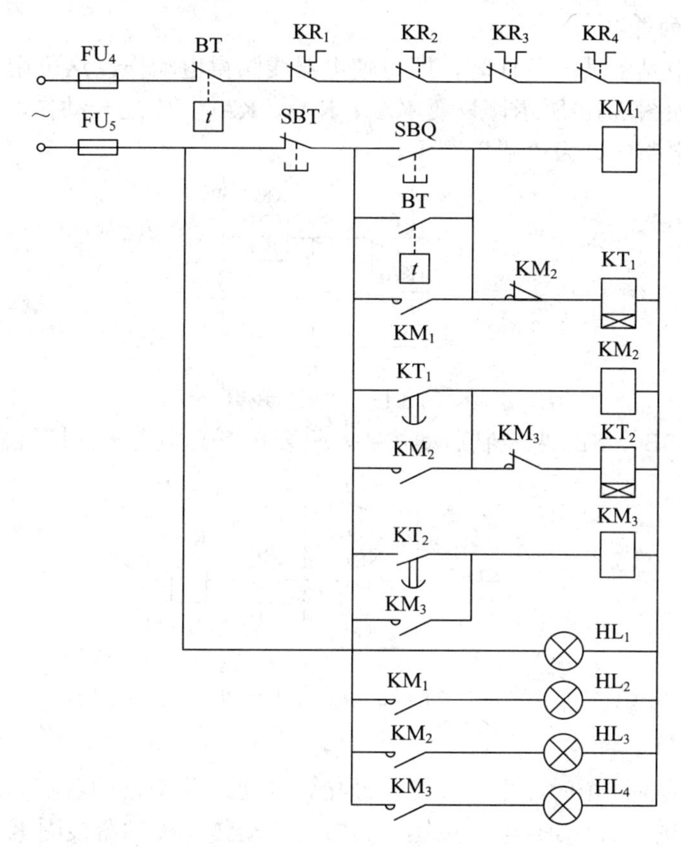

图 3.11　完整的控制电路

(7) 校验电路。设计完成后，要做成实验模拟电路，对电路进行严格的实验，查看是否完全符合工艺要求。也可以通过仿真软件进行仿真实验，准确无误后方可投入生产设备使用。

3．电气控制电路设计的一般规律

电气控制电路都是通过触点的通、断控制电动机或其他电气设备来完成工作的。即使是复杂的控制电路，很大部分也是常开触点和常闭触点组合而成的。不管多么复杂的电气控制电路都是由常开触点或常闭触点的串联或并联组合而成的，即“与”逻辑、“或”逻辑、“与非”逻辑和“或非”逻辑。

1) 常开触点的串联

当要求几个条件同时具备时，即可使电器线圈得电动作，这可用几个常开触点与线圈串联的方法来实现。如图 3.12 所示，KA_1、KA_2、KA_3 都动作闭合，接触器 KM 线圈才得电，KM 的触点才动作。这种关系在逻辑电路中称为“与”逻辑。

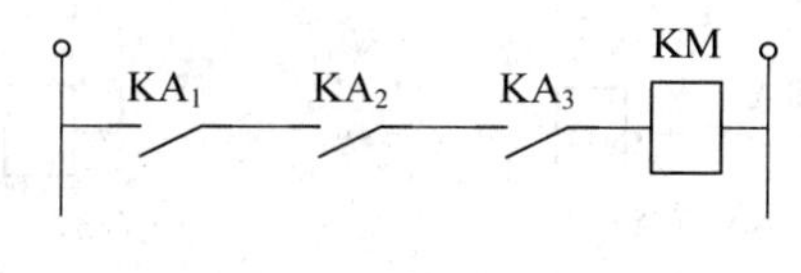

图 3.12　“与”逻辑

2) 常开触点的并联

当几个条件中具备某一条件时，即可使电器线圈得电动作，这可用几个常开触点并联的方法来实现。如图 3.13 所示，只要 KA_1、KA_2、KA_3 其中之一动作，KM 就得电动作。这种关系在逻辑电路中称为“或”逻辑。

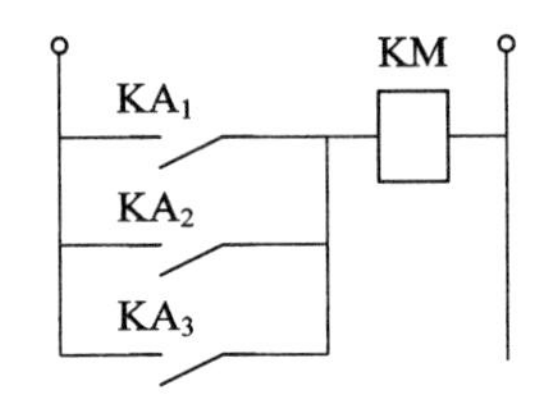

图 3.13　“或”逻辑

图 3.14 中的 SB_3、SB_4 为控制启动按钮，只要按下其中之一，接触器 KM 就动作。

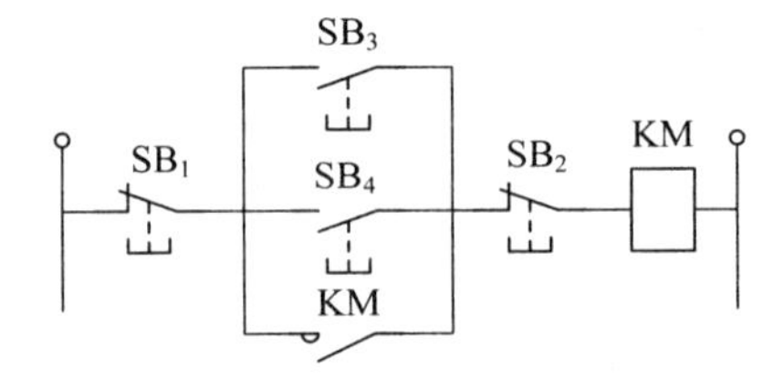

图 3.14　“与非”逻辑

3) 常闭触点的串联

当几个条件具备一个时，电器线圈就断电，这可用几个常闭触点串联的方法来实现。例如，图 3.14 中的 SB_1、SB_2 停止按钮，其中一个动作，接触器线圈 KM 就断电。这种关系在逻辑电路中称为“与非”逻辑。

4) 常闭触点的并联

当几个条件同时具备时，电器线圈才断电，这可用几个常闭触点并联的方法来实现。在逻辑电路中称为“或非”逻辑。

4. 电气控制电路设计的注意事项

(1) 尽量避免许多电器依次动作才能接通另一个电器的现象。

如图 3.15(a)所示电路中，KA_1 线圈得电后，KA_1 触点闭合才能使 KA_2 线圈得电，而 KA_2 的触点动作后才能使 KA_3 线圈得电，这是顺序动作的过程。但这种顺序动作的时间间隔是从线圈得电到触点闭合的极短时间，一般只有 0.02～0.05 s。当这一顺序动作没有严格要求时，图 3.15(a)所示的电路可用图 3.15(b)所示的电路形式，这样便提高了电路的可靠性。

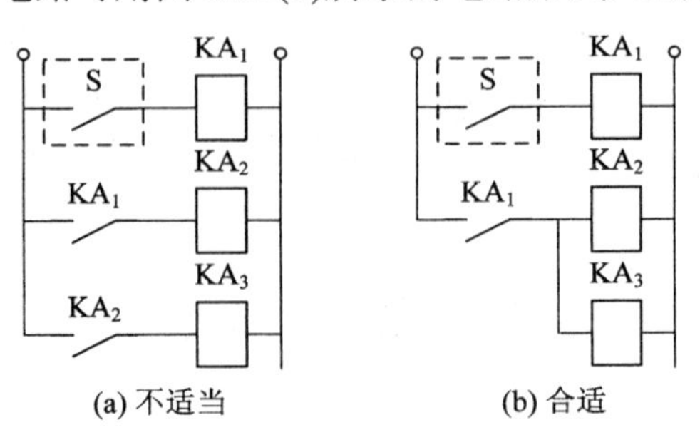

图 3.15　触点的合理使用

(2) 电气控制电路要正确连线。

电气控制电路是由触点和电器线圈组成的，在电路图中正确连接它们非常重要；否则，不但会增加使用导线的根数，甚至会出现事故。

① 电器线圈的连接。电器线圈是保证触点正确动作的关键部件(也称为降压部件)。它的两端要通过触点和控制电路电源的一端联系起来，它的正确画法如图 3.16(a)所示。

将图 3.16(a)中所有的电器线圈的右端短接起来接电源的一端，线圈的左端与电器的触点连接。这样可保证某一触点发生断路故障时，不会引起电源短路，而且接线方便。

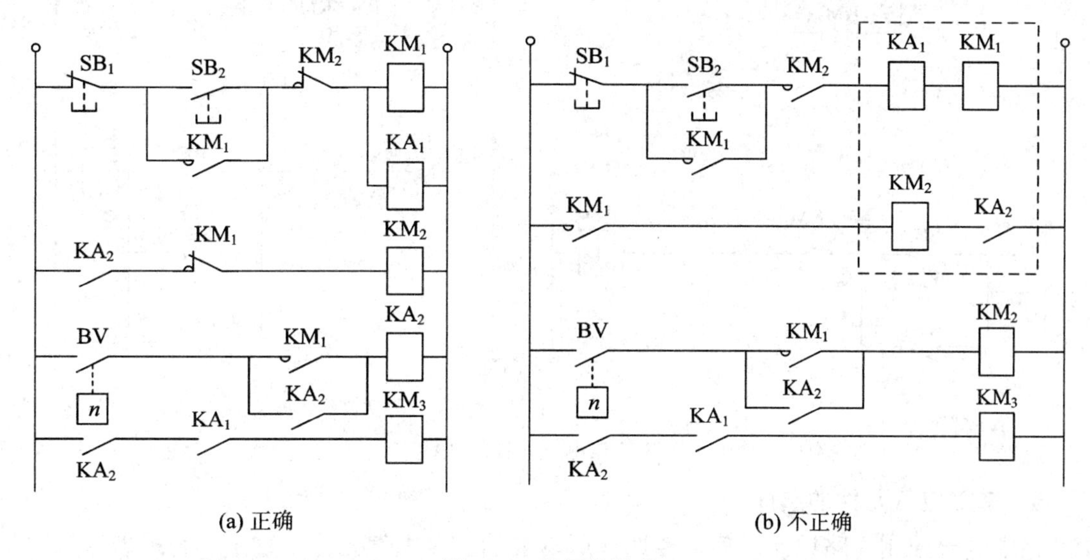

图 3.16　线圈的连接

② 交流线圈不允许串联使用。交流电器的线圈是感性负载，型号不同的交流电感线圈的阻抗是不同的，所以不同型号线圈两端压降是不同的。交流线圈串联使用，不能保证每个线圈压降为电源电压的 1/2，这样不能使电路正常工作。图 3.16(a)所示的接法是正确的，图 3.16(b)是错误的。

③ 在设计控制电路时，应尽量减少导线的数量和长度。电气控制电路是画在一张图纸上的，但电气元件并不都在一个电路柜中，可能分布在生产机械的各个部位，是通过接线的端子排按控制电路联系起来的。电路的连接方式会直接影响使用导线的数量和长度。

图 3.17 中，图(a)、(d)是正确的连接方式，图(b)、(c)是不正确的连接方式。在图 3.17(a)中，接触器放在控制柜中，控制按钮放在操作台上，按图(a)的接法控制柜到操纵台用 3 根线，图(b)用 4 根线，图(c)用 4 根线，图(d)用 3 根线。

④ 联锁及保护措施。在设计控制电路时，要考虑各种联锁关系，以及电气系统具有的各种保护措施，如过载、短路、失压、零压、限位等各种保护。

⑤ 在控制电路中应尽量减少触点的数量，以提高系统的可靠性。作为控制电路，如果功能相同，则电器数量与触点数量越少越好。多一个触点就相当于多了一个故障点，所以减少触点数量，就相当于提高了系统的可靠性。减少控制电路的触点数量可以通过触点合并来解决。触点的合并主要着眼于同类性质的触点或一个触点能完成的动作不用两个触点。

⑥ 其他设计要求。在设计控制电路时，还要考虑故障检查、检测仪表、信号指示、报

警以及照明灯等要求。

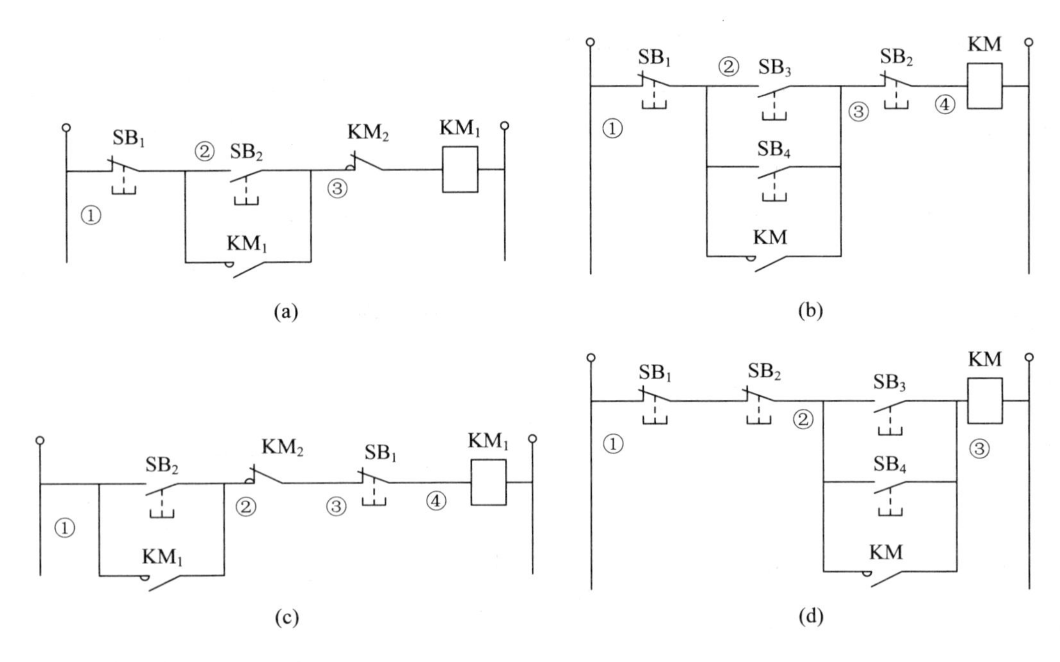

图 3.17 电气元件的接线

5. 常用电气元件的选择

完成电气控制电路设计之后，要选择所需要的控制电气元件。正确、合理地选用电气元件，是控制电路安全可靠的重要条件，电气元件的选择依据是电气产品目录中的各项技术指标(数据)。

1) 控制按钮的选用

按钮通常是用来接通或断开小电流控制电路的开关。按钮可分为以下几类：

(1) 普通式按钮：用于垂直操作。它又可分为单一式，即只有一对常开触点和一对常闭触点；还有复合式，即有两对或两对以上的常开触点和常闭触点。这种形式按钮的共同特点是，当手松开后，触点会自动复位。

(2) 旋转式按钮：用于扭动旋转操作。它只是一对常开触点和一对常闭触点，它不具有自动复位功能。

(3) 钥匙式按钮：插入专用的钥匙旋转操作。它也属于旋转式的一种，也不具有自动复位功能。

(4) 指示灯按钮：在普通按钮中放入指示灯，可显示操作的信号。

(5) 紧急按钮：专用在紧急停止的场合，为操作方便、容易，按钮做成蘑菇形。

常用的国产按钮为 LA 系列。

2) 自动空气开关的选用

自动空气开关又称为自动空气断路器，它可以接通或分断负载的工作电流，也能自动分断过载电流或短路电流，分断能力强，它同时具有欠压、过载和短路保护的功能。

选择空气开关应参考其主要参数，即额定电压、额定电流和允许分断的极限电流等。

自动空气开关过载保护的整定电流应大于或等于负载长期工作允许通过的平均电流；短路保护的整定电流应等于负载额定电流的 10 倍。开关的极限分断能力应大于或等于被保护的短路电流。

常用的国产自动空气开关有 DZ 系列、DW 系列。

3) 组合开关的选用

组合开关又称为转换开关，主要用来作为电源的引入，所以也称为电源隔离开关。它可以直接启动小功率的三相交流异步电动机，如砂轮、台钻等设备。但使用时必须限制接通的频率，每小时不宜超过 10～20 次，否则会因为启动电流大，内部发热严重且热量不易散失，产生热量的积聚，绝缘受到破坏。同时，断开时，切断的是感性负载，瞬时电弧较大，也是对绝缘的一种破坏。如果通过频率长期过高，也会引起开关内部电源短路。组合开关额定电流为负载额定电流的 1.5～2.5 倍。

常用的组合开关为 HZ—10 系列。

4) 熔断器的选用

熔断器有螺旋式熔断器和插入式熔断器两大类，插入式熔断器又分瓷插式熔断器和管式熔断器两种。螺旋式熔断器用于有振动的生产机械，插入式熔断器用于比较稳定的生产机械。熔断器的选择主要是熔体额定电流，它遵循以下的经验选择方法：

(1) 没有冲击电流负载的熔体电流选择，例如，照明电灯，熔体的额定电流 I_{FU} 应略大于或等于电路的工作电流，即

$$I_{FU} \geqslant I$$

式中，I_{FU} 为熔体的额定电流；I 为电路的工作电流。

(2) 单相电动机负载的熔体电流选择，熔体电流选择的经验公式为

$$I_{FU} = (1.5 \sim 2.5)I_N \quad 或 \quad I_{FU} = \frac{I_{st}}{2.5}$$

式中，I_N 为电动机的额定电流；I_{st} 为异步电动机的启动电流。

(3) 多台电动机负载的熔体电流选择，因为多台电动机由一个熔断器保护，故采用的经验公式为

$$I_{FU} \geqslant \frac{I_m}{2.5}$$

式中，I_m 为可能出现的最大电流。

常用的熔断器有 RC1、RL1、RT0、RS0 系列。

5) 热继电器的选用

热继电器用于过载保护，如果负载为电动机，则采用的经验公式为

$$I_{KR} = (0.95 \sim 1.05)I_N$$

式中，I_{KR} 为热继电器的整定电流；I_N 为电动机的额定电流。

一般情况下，三相电动机绕组的阻抗是平衡的，可用两相结构的热继电器。但对电网电压不平衡、工作环境恶劣条件下工作的电动机，要选用三相结构的热继电器。相对于三角形接法的电动机，为实现断相保护，要选用带断相保护装置的热继电器。

如果遇到下列情况，则应选择热继电器元件的整定电流要大于电动机的额定电流：

(1) 电动机的负载惯性转矩大，启动时间长。

(2) 电动机所拖动的负载不允许任意停电。

(3) 电动机拖动的为冲击负载，如冲床、剪床等设备。

常用的热继电器有 JR1、JR2、JR0、JR16 等系列。

6) 接触器的选用

接触器用于负载的接通与断开，有交流接触器和直流接触器，大多数的生产机械用交流接触器。

选择接触器主要考虑以下的技术数据：

(1) 电流的种类是交流还是直流。

(2) 主触点的额定电流和额定电压。

(3) 辅助触点的种类及额定电流。

(4) 电磁线圈电源的种类、频率和额定电压。

(5) 额定的操作频率(次/h)，即允许每小时接通的最多次数。

接触器的选择，最重要的是主触点额定电流的选择，它采用的经验计算公式为

$$I_{KM} \geqslant \frac{P_N \times 10^3}{KU_N}$$

式中：K 为经验常数，一般取 1～1.4，轻载启动时为 1，重载启动时为 1.4；P_N 为电动机的额定功率；U_N 为电动机的额定线电压；I_{KM} 为接触器主触点的额定电流。

常用的接触器国产的有 CJ10、CJR、CJ20 等系列及合资生产的西门子产品 VDE。

7) 中间继电器的选用

中间继电器主要在电路中起信号的传递与转换作用，可以实现多路控制，并可将小功率的控制信号转换为大功率的触点动作，进而驱动大功率执行机构的工作。

中间继电器主要根据电路的电压等级、触点的数量以及是否满足控制电路的要求来选用。

常用的中间继电器有 J27、JJDZ3 等系列。

8) 时间继电器

时间继电器可以对电路进行时间的控制，是生产机械中常用的电气元件。按其工作原理可分为如下几种：

(1) 电磁式时间继电器。电磁式时间继电器是利用电磁惯性原理制成的。它的特点是结构简单，寿命长，允许操作频率高，但延时时间短，一般用在直流控制电路中。

(2) 空气阻尼式时间继电器。空气阻尼式时间继电器是利用空气阻尼原理制成的。它的特点是延时时间可调，可调范围为 0.4～180 s，工作稳定可靠，在生产机械中普遍采用。

(3) 电子式时间继电器。电子式时间继电器是通过电子电路对电容的充放电原理制成的。它的特点是体积小，延时时间为 0.1～300 s。

(4) 电动式时间继电器。电动式时间继电器是利用同步电动机原理制成的。它的结构复杂，体积大，延时时间长，可从几秒到几小时，在生产机械中很少应用。

9) 控制变压器的选用

当电路的控制电器较多，电路又比较复杂时，应该采用控制变压器作为控制电路的电源，这样可提高安全可靠性。控制变压器要根据一次侧和二次侧电压的大小及变压器的容量来选择。控制变压器的容量根据下列两种情况进行计算：

(1) 根据控制电路最大工作负载所需要的功率计算：

$$P_{T} \geqslant K_{T} \sum P_{XC}$$

式中，P_T 为所需变压器的容量(VA)；K_T 为变压器容量储存系数，$K_T = 1.1 \sim 1.25$；$\sum P_{XC}$ 为控制电路最大负载时所需工作电器的总功率(W)。

对于交流电器(交流接触器、中间继电器、交流电磁铁)，P_{XC} 应取吸持功率。

(2) 变压器的容量应满足已吸合的电器在又启动吸合另一些电器时，仍处于吸持状态。计算公式为

$$P_{T} \geqslant 0.6 \sum P_{XC} + 1.5 \sum P_{st}$$

式中，P_{st} 为同时启动电器的总吸持功率(W)。

表 3-2 列出了常用交流电器启动与吸持功率的数值。

表 3-2　常用交流电器启动与吸持功率的数值

电器型号	启动功率 P_{st}/W	吸持功率 P_{XC}/W	P_{st}/P_{XC}
JZ7	75	12	6.3
CJ10—5	35	6	5.8
CJ10—10	65	11	5.9
CJ10—20	140	22	6.4
CJ10—40	230	32	7.2
CJ0—10	77	14	5.5
CJ0—20	156	33	4.75
CJ0—40	280	33	8.5
MQ1—5101	≈450	50	9
MQ1—5111	≈1000	80	12.5
MQ1—5121	≈1700	95	18
MQ1—5131	≈2200	130	17
MQ1—5141	≈10 000	480	21

3.3　可编程控制器及其应用

可编程控制器(Programmable Logic Controller，PLC)是以微处理器为基础，综合了计算机技术、自动控制技术和通信技术等现代科技而发展起来的一种工业自动控制装置。可编程控制器具有可靠性高、抗干扰能力强、配套齐全、功能完善、适用性强、易学易用等优点，自问世以来，一直深受工程技术人员欢迎。

1．PLC 的基本结构

PLC 种类繁多，功能和指令也不尽相同，但其结构和工作方式则大同小异，一般包括中央处理单元(Central Processing Unit，CPU)、存储器、编程器、输入接口、输出接口、I/O

扩展接口、外部设备接口以及电源等，基本结构如图 3.18 所示。

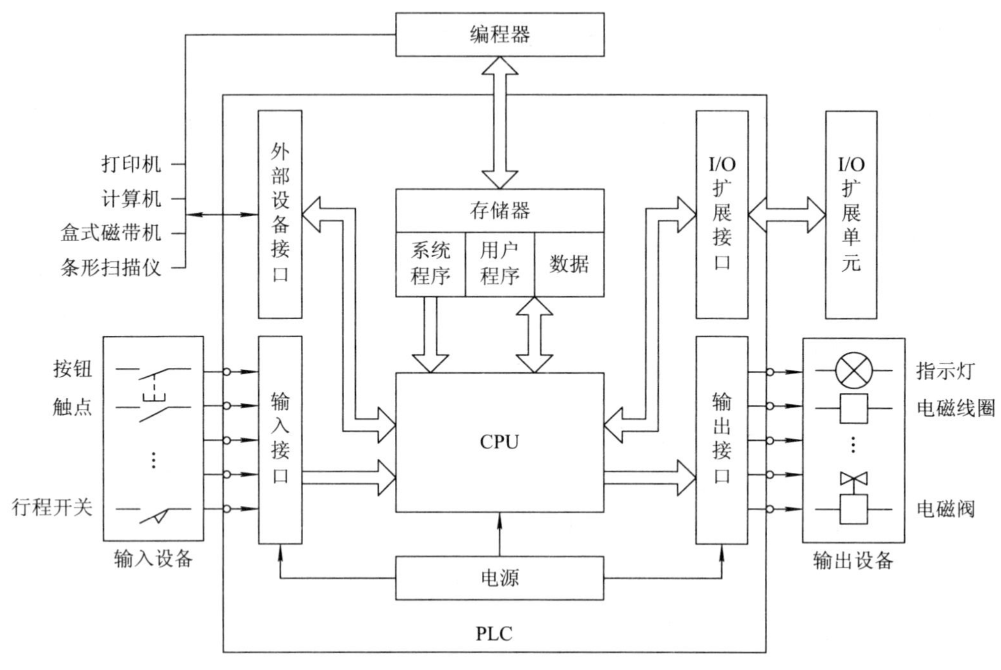

图 3.18　PLC 硬件组成框图

1) 中央处理单元(CPU)

中央处理单元是可编程控制器的控制中枢，它按照系统程序赋予的功能指挥可编程控制器进行工作。

2) 存储器

可编程控制器的内部存储器用以存放系统程序、用户程序和逻辑变量及数据信息，分为系统程序存储器、用户程序存储器和工作数据存储器。

3) 输入/输出(I/O)接口电路

输入/输出接口电路也称为输入/输出单元或输入/输出模块，它是 PLC 与输入/输出设备连接的部件。

4) 电源

PLC 配有开关式稳压电源模块，用来将外部供电电源转换成可供 PLC 内部 CPU、存储器和 I/O 接口等电路使用的直流电源。

5) 编程器

编程器是 PLC 最重要的外围设备，也是 PLC 不可缺少的一部分。它不仅可以写入用户程序，还可以对用户程序进行检查、修改和调试，以及在线监视 PLC 的工作状态。

6) 输入/输出(I/O)扩展接口

输入/输出扩展接口用于将扩充外部输入/输出端子数的扩展单元与基本单元(即主机)连接在一起。I/O 扩展接口有并行接口、串行接口等多种形式。

7) 外部设备接口

外部设备接口是 PLC 主机实现人机对话的通道。通过该接口，PLC 可以和打印机、显示器、扫描仪等外部设备相连，也可以和其它 PLC 或上位计算机连接。

2. PLC 的工作原理

PLC 工作过程框图如图 3.19 所示。PLC 上电后首先对系统进行初始化，然后做自诊断处理，PLC 每扫描一次，执行一次自诊断检查，检查自身的状态是否正常，CPU、电池电压、程序存储器、I/O 组件状态和通信等是否异常。如果检查有异常，则给出报警信号。确认正常后，进行通信服务程序，完成各外接设备(编程器、打印机、扩展单元等)的通信连接，检查是否有中断请求，若有则做相应处理。

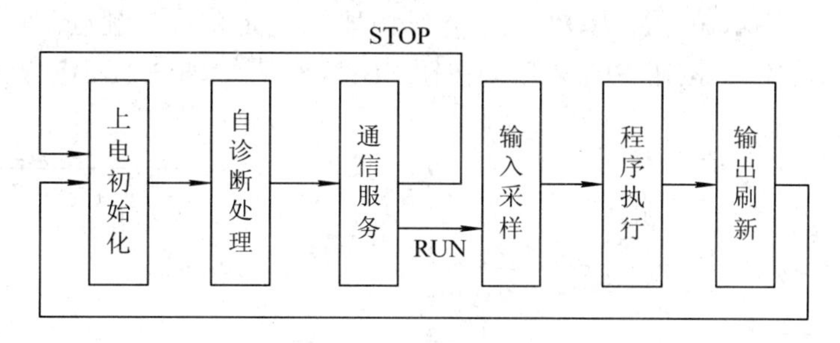

图 3.19　PLC 工作过程

PLC 采用“顺序扫描、不断循环”的方式进行工作，即在 PLC 运行时，CPU 根据用户程序作周期性顺序循环扫描。如果无跳转指令，则从第一条指令开始逐条顺序执行用户程序，直至程序结束，然后再重新返回第一条指令，开始下一轮扫描。每一次扫描所用的时间称为扫描周期或工作周期。PLC 在扫描工作阶段，依次执行作循环扫描的 3 个阶段，即输入采样、程序执行和输出刷新，如图 3.20 所示。

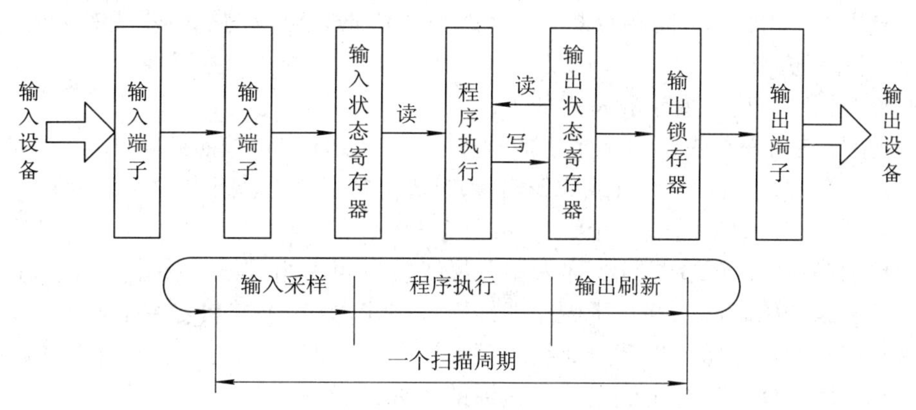

图 3.20　PLC 扫描工作过程

3. 可编程控制器的编程语言

PLC 作为一个工业控制计算机，采用软件编程逻辑代替传统的硬件有线逻辑实现控制。其编程语言是面向被控对象，面向操作者，易于为熟悉继电器控制电路的广大电气技术人员所掌握的。通常 PLC 的编程语言有梯形图、指令语句表、指令助记符、顺序功能图等，其中比较常用的是梯形图和指令语句表。

1) 梯形图

梯形图语言是在继电器控制的基础上演变而来的一种图形语言，它比较形象、直观，是中、小型 PLC 的主要程序语言。梯形图是借助于类似继电器的动合触点、动断触点、线圈以及串联与并联等术语和符号，根据控制要求连接而成的表示 PLC 输入和输出逻辑关系的图形。

梯形图中通常用┤├和┤/├图形符号分别表示 PLC 输入继电器的常开(动合)和常闭(动断)触点；用-[ ]-或-○-图形符号表示它们的“线圈”。梯形图中编程元件的种类用图形符号及标注的字母或数字加以区别。

图 3.21(a)所示为异步电机直接启动的实际继电接触器控制图，图 3.21(b)是对应的 PLC 控制的梯形图。图中 X_1 和 X_2 为 PLC 输入继电器的常闭和常开触点，它们分别对应于图 3.21(a)继电器控制的停止按钮 SB_1 和启动按钮 SB_2。Y_1 表示图 3.21(a)输出继电器 KM 的线圈和常开触点。

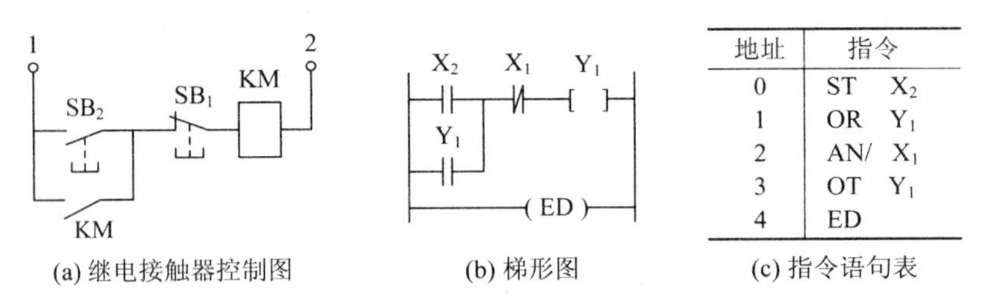

地址	指令
0	ST　X_2
1	OR　Y_1
2	AN/　X_1
3	OT　Y_1
4	ED

(a) 继电接触器控制图　　(b) 梯形图　　(c) 指令语句表

图 3.21　异步电机直接启动控制

这里需要注意的是：梯形图表示的并不是一个实际电路而只是一个控制程序，其间的连线表示的是它们之间的逻辑关系，即所谓“软接线”。梯形图中的继电器并非是物理实体，而是“软继电器”，对应 PLC 存储单元中的一位。该位状态为“1”时，对应的继电器线圈接通，其常开触点闭合、常闭触点断开；状态为“0”时，对应的继电器线圈不通，其常开、常闭触点保持原态。

梯形图编程时的格式要求和特点如下：

(1) 梯形图按自左至右，自上至下的顺序书写，CPU 也是按照此顺序执行程序。

(2) 每个梯形图由多层梯级(或称逻辑行)组成，每层梯级(即逻辑行)起始于左母线，经过接点的各种连接，最后通过一个继电器线圈终止于右母线。

(3) 梯形图中左右两边的竖线称为左右母线，也叫起始母线、终止母线。每一逻辑行必须从起始母线开始画起，终止于继电器线圈或终止母线(有些 PLC 终止母线可以省略)。母线表示假想的逻辑电源，当某一梯级的逻辑运算结果为“1”时，表明有“概念”电流自左向右流动，用户程序执行中满足线圈接通的条件。

(4) 梯形图中某一编号的继电器线圈一般情况下只能出现一次(除了有跳转指令和步进指令等的程序段以外)，而同一编号的继电器常开、常闭触点则可被无限次使用(即重复读取与该继电器对应的存储单元状态)。

(5) 梯形图中每一梯级的运算结果，可立即被其后面的梯级所利用。

(6) 输入继电器仅用于接收外部输入信号，它仅受外部输入信号控制，不能由各种内部其它继电器的触点来驱动。因此梯形图中只出现输入继电器的触点，而不出现其线圈。

(7) 当梯形图中的输出继电器线圈接通时，就有信号输出，但由于梯形图中的输入接点和输出继电器线圈对应的是 I/O 映像寄存器相应位的状态，而不是物理触点和线圈，不能直接驱动外部设备，只能通过受控于输出继电器状态的接口元件，如继电器、晶闸管、晶体管等去驱动现场执行元件。

(8) PLC 的内部辅助继电器、定时器、计数器等的线圈不能用于输出控制之用。

(9) 程序结束时必须用结束符“ED”表示。

2) 指令语句表

指令语句表是一种指令助记符语言，类似于计算机的汇编语言，用一些简洁易记的文字符号表达 PLC 的各种指令。不同厂家的 PLC 产品，其语句表使用的助记符各不相同。下面简单介绍西门子公司的基本指令助记符。

(1) 位逻辑指令。位逻辑指令也称为触点指令，是 PLC 程序最常用的指令，可实现各种控制逻辑，其指令说明如表 3-3 所示。

表 3-3　位逻辑指令

<table>
<tr><th>指令名称</th><th>梯形图</th><th>指 令 说 明</th></tr>
<tr><td>常开触点</td><td>—| |—</td><td rowspan="2">当位等于“1”时，常开触点接通，常闭触点断开；
当位等于“0”时，常开触点断开，常闭触点接通</td></tr>
<tr><td>常闭触点</td><td>—| / |—</td></tr>
<tr><td>常开立即触点</td><td>—| I |—</td><td rowspan="2">当物理输入为“1”时，常开立即触点接通，常闭立即触点断开；当物理输入为“0”时，常开立即触点断开，常闭立即触点接通。常开、常闭立即触点不受 CPU 扫描周期的限制</td></tr>
<tr><td>常闭立即触点</td><td>—| /I |—</td></tr>
<tr><td>取反触点</td><td>—|NOT|—</td><td>取反触点将它左边电路的逻辑运算结果取反，若逻辑运算结果为“1”，则变为“0”，若逻辑运算结果为“0”，则变为“1”</td></tr>
<tr><td>正转换触点</td><td>—| P |—</td><td rowspan="2">正转换触点指令前的梯级逻辑发生正跳变(由“0”到“1”)，则能流接通一个扫描周期；负转换触点指令前的梯级逻辑发生负跳变(由“1”到“0”)，则能流接通一个扫描周期。
这两个指令没有操作数</td></tr>
<tr><td>负转换触点</td><td>—| N |—</td></tr>
</table>

(2) 输出指令。输出指令也称为线圈指令，表达逻辑梯级的结束指令。输出指令及其使用说明如表 3-4 所示。

表 3-4　输出指令

<table>
<tr><th>指令名称</th><th>梯 形 图</th><th>指 令 说 明</th></tr>
<tr><td>输出指令</td><td>—(　)</td><td>线圈指令，当线圈前的逻辑运算结果为“1”时，输出为“1”；当线圈前的逻辑运算结果为“0”时，输出清“0”</td></tr>
<tr><td>置位指令</td><td>位地址
—(S)
N</td><td rowspan="2">当该指令前的梯级逻辑运算为“1”时，将从指定位地址开始连续 N 个置位；当该指令前的梯级逻辑运算为“0”时，将从指定位地址开始连续 N 个复位</td></tr>
<tr><td>复位指令</td><td>位地址
—(R)
N</td></tr>
<tr><td>立即输出指令</td><td>位地址
—(I)</td><td>除了将梯级前的逻辑运算结果写入位地址的存储单元外，还将结果直接输出至位地址对应的物理输出点上</td></tr>
<tr><td>立即置位指令</td><td>位地址
—(SI)
N</td><td rowspan="2">立即置位、复位指令将从指定地址开始的连续 N 个位立即置位或复位。指令执行时同时将新值写入相应的存储区和物理输出点</td></tr>
<tr><td>立即复位指令</td><td>位地址
—(RI)
N</td></tr>
</table>

(3) 定时器指令。定时器指令及其使用说明如表 3-5 所示。

表 3-5 定时器指令

指令名称	梯形图	指令说明
通电延时定时器(TON)	T_n IN TON PT ???ms	初始时定时器当前值为“0”，当指令的梯级逻辑为“1”时，定时器开始计时；当定时器当前值等于预设值时，定时器被置位
断电延时定时器(TOF)	T_n IN TOF PT ???ms	初始时定时器当前值为“0”，当指令的梯级逻辑为“1”时，定时器被置位，其常开触点闭合、常闭触点断开，同时定时器当前值清零；当梯级前的逻辑为“0”时，定时器开始计时，当计时等于预设值时，定时器复位
有记忆的通电延时定时器(TONR)	T_n IN TONR PT ???ms	初始时，定时器当前值为 0，当指令的梯级逻辑为“1”时，定时器开始计时，当前值开始累加；当指令的梯级逻辑为“0”时，当前值保持不变。当前值等于预设值时，定时器被置位

(4) 计数器指令。计数器指令及其使用说明如表 3-6 所示。

表 3-6 计数器指令

指令名称	梯 形 图	指令说明
加计数器	C_n CU CTU R PV	对 CU 端计数脉冲上升沿进行加计数。当计数器的当前值大于等于预设值时，计数器被置位，当复位端 R 为“1”或执行复位指令时，计数器复位，计数当前值清零，计数器被复位
减计数器	C_n CD CTD LD PV	对 CD 端计数脉冲上升沿进行减计数。当复位端无效时，若检测到计数脉冲上升沿，则计数器从预设值开始进行减计数，直至减为 0；若当前值为 0，则计数器位被置位；当装载输入端 LD 为“1”时，计数器被复位，并将计数器当前值设为预设值
加减计数器	C_n CU CTUD CD R PV	对加、减计数端(CU、CD)的输入脉冲上升沿计数。当计数器当前值大于等于预设值时，计数器被值位，否则计数器被复位，当复位端 R 为“1”或执行复位指令时，计数器被复位，当前值清零

4. 可编程控制器的编程方法方法和原则

1) 可编程控制器的编程步骤

(1) 确定 I/O 设备。根据被控对象对 PLC 控制系统的功能要求，确定系统所需的用户输入、输出设备。

(2) 选择合适的 PLC 类型。根据已确定的用户 I/O 设备，统计所需的输入信号和输出信号的点数，选择合适的 PLC 类型。

(3) 分配 PLC 的输入输出点，编制出 I/O 分配表或者画出 I/O 端子的接线图。

(4) 设计应用系统梯形图程序。根据工作功能图表或状态流程图等设计出梯形图。

(5) 把梯形图转变为可编程控制器的编码。当完成梯形图以后，下一步是把它编码成可编程控制器能识别的程序。

(6) 将程序输入 PLC。当使用可编程序控制器的辅助编程软件在计算机上编程时，可通过上下位机的连接电缆将程序下载到 PLC 中。

(7) 进行软件测试。由于在程序设计过程中，难免会有疏漏的地方，因此在将 PLC 连接到现场设备上之前，必须进行软件测试，以排除程序中的错误，同时也可为整体调试打好基础，缩短整体调试的周期。

(8) 应用系统整体调试。在 PLC 软硬件设计和控制柜及现场施工完成后，就可以进行整个系统的联机调试，调试中发现的问题，要逐一排除，直至调试成功。

2) 可编程控制器设计原则

(1) 触点的安排。梯形图的触点应画在水平线上，不能画在垂直分支上，这些桥式梯形图无法用指令语句编程，如图 3.22(a)所示，需要改画为图 3.22(b)的形式。

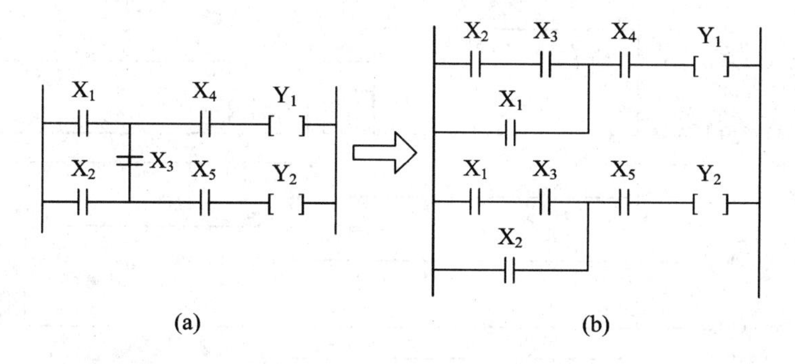

图 3.22　将无法编程的桥式梯形图改画

(2) 梯形图的每一逻辑行(梯级)均起始于左母线，终止于右母线。元件的线圈接于右母线，一般不允许直接与左母线相连；任何触点不能放在线圈的右边与右母线相连。如图 3.23 中，左图将触点画在线圈的右边了，需要改画为图 3.23 右图的形式。

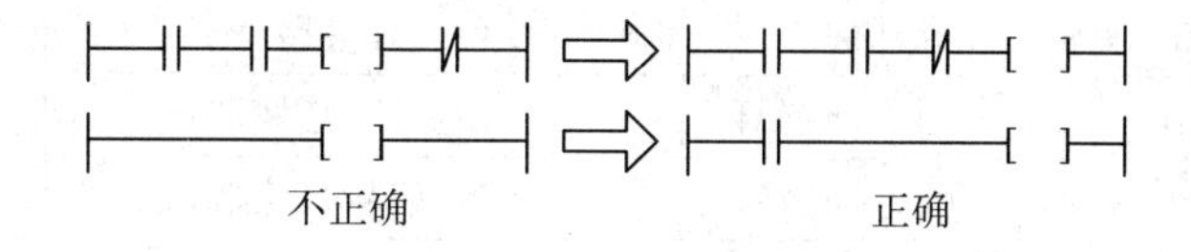

图 3.23　不正确的接线和正确的接线

(3) 编制梯形图时，应尽量按照“上重下轻，左重右轻”的原则安排，以符合“从上到下，从左到右”的执行程序的顺序。图 3.24 为合理的和不合理的接线。

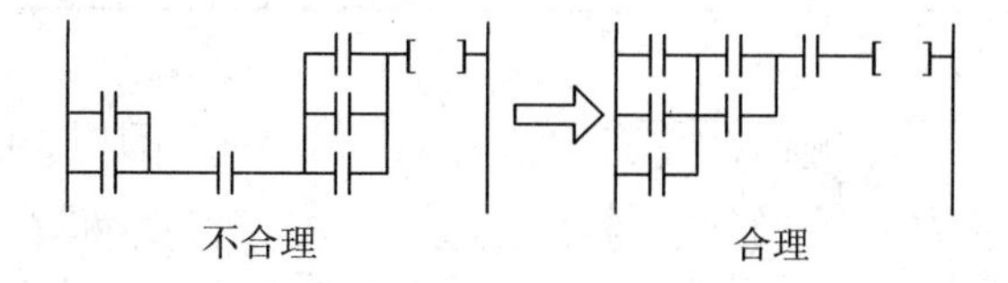

图 3.24　合理的和不合理的接线

(4) 不准双线圈输出。如果在同一程序中同一元件的线圈使用两次或多次，则称为双线圈输出。这时前面的输出无效，只有最后一次才有效，所以不应出现双线圈输出。

(5) 一般应避免同一继电器线圈在程序中重复输出，否则易引起误操作。

(6) 编程顺序。对复杂的程序可先将程序分成几个简单的程序段，每一段从最左边触点开始，由左至右、由上至下进行编程，再把程序逐段连接起来。

5. 可编程控制器应用举例——十字路口交通信号灯控制

1) 任务要求

十字路口交通信号灯的控制要求：接通开关，东西方向通行，绿灯亮 40 s，黄灯闪烁 5 s，然后禁止通行红灯亮 45 s；按下开关的同时，南北方向禁止通行，红灯亮 45 s，通行绿灯亮 40 s，黄灯闪烁 5 s。如此循环直至断开开关所有指示灯熄灭。

2) 任务分析

十字路口交通信号灯工作时序图如图 3.25 所示，I/O 分配表如表 3-7 所示。

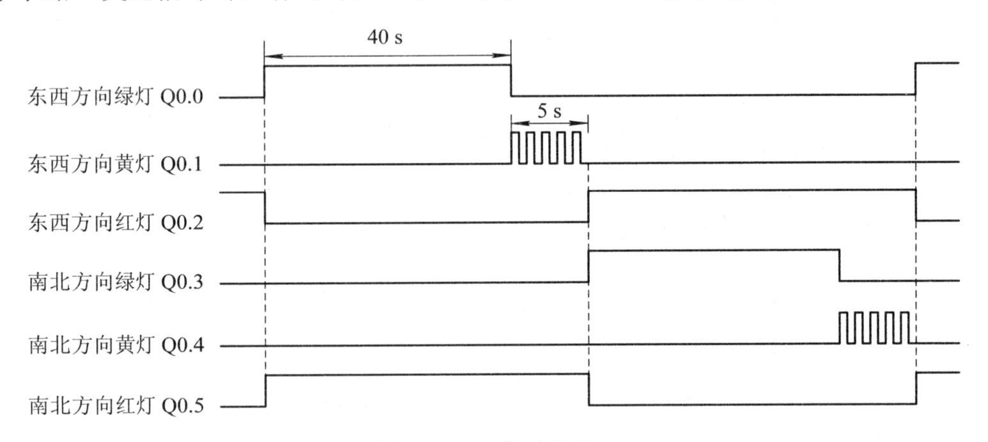

图 3.25 工作时序图

表 3-7 I/O 分配表

	I/O 点	信号元件	元件或端子位置	功能
输入信号	I0.0	开关	开关区	系统启动开关
输出信号	Q0.0	东西方向绿灯	交通信号灯实验区	东西方向通行
	Q0.1	东西方向黄灯	交通信号灯实验区	东西方向等待
	Q0.2	东西方向红灯	交通信号灯实验区	东西方向通行
	Q0.3	南北方向绿灯	交通信号灯实验区	南北方向通行
	Q0.4	南北方向黄灯	交通信号灯实验区	南北方向等待
	Q0.5	南北方向红灯	交通信号灯实验区	南北方向禁行

3) 程序编写

由交通信号灯工作时序图可知，交通灯信号的一个工作循环为 90 s，可由定时器 T37 及常闭触点组成自振荡电路，其当前值等于预设值时定时器自动复位。对于东西方向绿灯 Q0.0 来说，应在 T37 的当前值大于 0 且小于等于 400 时为“1”；对于东西方向黄灯 Q0.1 来说，应在 T37 的当前值大于且小于等于 450 时呈闪烁状态；对于东西方向红灯 Q0.2 来说，应在 T37 的当前值大于 450 时为“1”。南北方向各交通灯的工作原理与之类似。交通灯梯形图如图 3.26 所示。

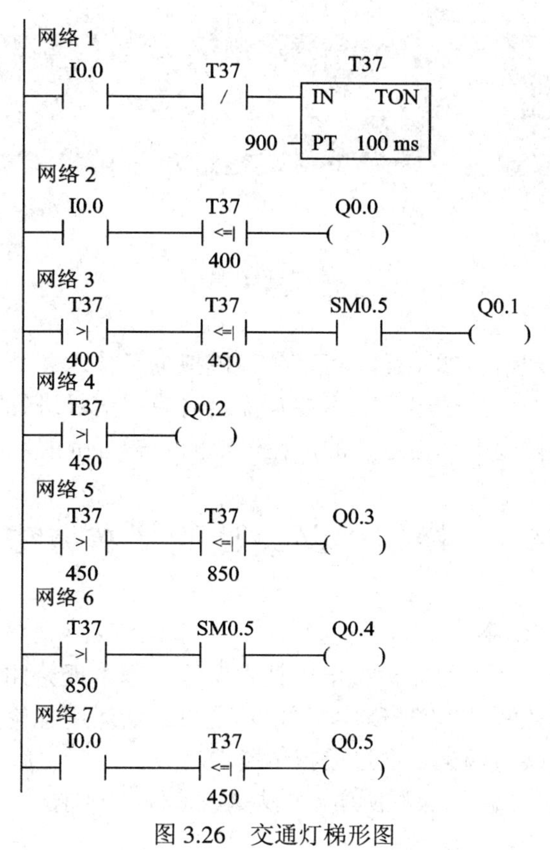

图 3.26　交通灯梯形图

第 4 章　模拟电子技术课程设计

电子技术按照所处理信号的不同，可以分为模拟电子技术和数字电子技术。模拟电子技术的输入与输出信号是模拟信号，其主要功能是对模拟信号进行检测、处理、变换或产生。模拟信号在时间和幅度上都是连续的，在一定的动态范围内可以任意取值。

4.1　模拟电路设计的基本方法

1. 模拟电路设计的基本要求

模拟电路课程设计是在学习完模拟电子技术课程的基本理论知识，完成课程实验后，开展的一项综合实践训练。该教学环节主要培养学生灵活运用理论知识，理论联系实际进行相关课题的设计、安装与调试。通过模拟电路课程设计，学生应达到以下基本要求：

(1) 综合运用模拟电子技术课程所学到的基本知识、基本技能，结合课程设计的要求，独立完成一个课题的理论设计。

(2) 通过查阅电子元器件手册等参考文献资料，熟悉元器件的性能及参数，能选择正确的元器件。

(3) 学会运用 Multisim 仿真软件对电路进行仿真。

(4) 掌握电子电路的安装与调试，学会运用电子仪器对线路进行测试与分析，解决调试过程中所遇到的问题。

(5) 学会撰写课程设计报告。

2. 模拟电路的设计方法

模拟电子技术课程设计一般包括课题选择、方案设计、电路组装与调试、撰写课程设计报告等环节。在选择设计课题后，首先应明确设计任务及要求、确定设计总体方案(画出系统框图)、单元电路的设计(选择元器件)、参数的计算、计算机模拟仿真、实验验证、总体电路原理图绘制，最后进行电路的安装与调试。具体设计流程如图 4.1 所示。

1) 明确设计任务及要求

根据设计任务及要求，分析模拟电子系统的输入信号和输出信号，了解每一个输入信号的波形和幅度、频率等参数以及输出的要求，从而明确系统的功能和各项性能指标(例如增益、频带宽度、信噪比、失真度等)，并将它们作为设计的基本要求，由此选择系统的方案。

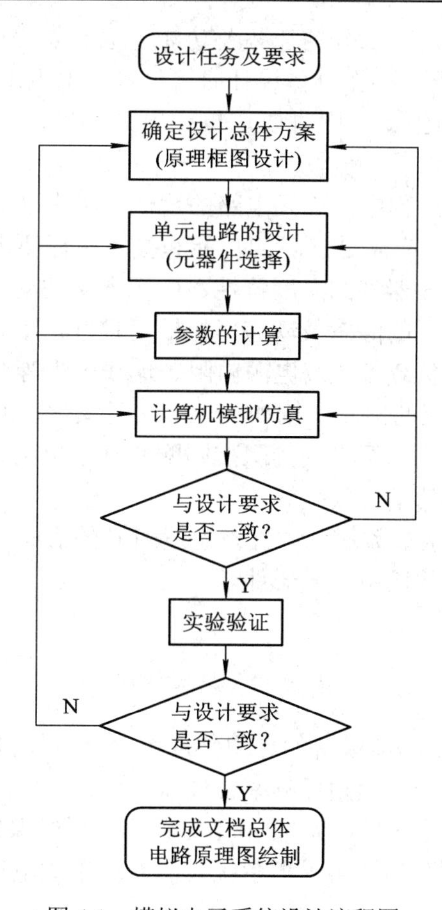

图 4.1　模拟电子系统设计流程图

2) *确定设计总体方案*

在考虑总体方案时，应特别注意方案的可行性，这是与设计数字电子系统的重要区别之处。因为数字电子系统主要完成功能设计，在工作频率不高时，通常都是能实现的，不同设计方案的差异充其量是电路的繁简不同而已。模拟电子系统则不然，各项指标之间有相关性，各种方案又有其局限性，如果所提的要求搭配不当或所选择的电路不合适，有时从原理上就不可能实现或非常难以实现设计的要求。设计者在这方面应有足够的知识和经验，对方案进行充分的论证。此外，模拟电子系统设计时，还应重视技术指标的精度和稳定性，调试的方便性，应尽量设法减少调试工作量。这些要求不能都放到设计模块时去讨论，必须在确定总体方案时就加以考虑。倘若从原理上看，所考虑的模拟电子系统的精度和稳定性不高，那么在进行模块设计时无论怎样努力也是无济于事的。

在总体方案设计完成后，应绘出电子系统的框图。接着，将某些技术指标在各级框中进行合理的分配，这些指标包括增益、噪声、非线性等，因为它们都是各部分指标的综合结果。将指标分配到各模块后，就可以对各模块提出了定量的要求，从而有效地提高了设计的效率。

3) *单元电路的设计*

根据系统的指标和要求，将系统分成几个部分，每部分都由相应的单元电路组成。每个单元电路设计前，都应明确各部分的任务及功能，拟定单元电路的性能指标、前后级的连接形式、电路的具体组成形式。在具体设计时可借鉴模拟电子技术课程相关的成熟电路，也可在此基础上加以改进和创新，同时要求单元电路，设计要合理，级与级之间要相互配合。

在模拟电子系统的设计过程中，单元电路的设计应考虑以下问题：

(1) 单元电路的设计不仅应满足一般的功能和技术指标要求，还应特别注意技术指标的精度及稳定性，充分考虑元器件的温度特性、电源电压波动、负载变化及干扰等因素的影响。不仅要注意各功能单元的静态及动态指标的稳定性，更要注意组成系统后各单元之间的耦合形式、反馈类型、负载效应及电源内阻、地线电阻等对系统指标的影响。

(2) 应重视级间阻抗匹配的问题。例如一个多级放大器，其输入级与信号源之间的阻抗匹配有利于提高信噪比；中间级之间的阻抗匹配有利于提高开环增益；输出与负载之间的阻抗匹配有利于提高输出功率与效率等。

(3) 选择元器件时应注意参数的分散性及温度对其的影响。在满足设计指标要求的前提下，应尽量选择应用广泛的通用型元器件。

可供选择的元器件有：

① 各类晶体管。

② 运算放大器。

③ 专用集成电路。属于功能模块的专用集成电路有：模拟信号发生器(如单片精密函数发生器、高精度时基发生器、锁相环频率合成器等)、模拟信号处理单元(如测量放大器、RC 有源滤波器等)、模拟信号变换单元(如电压比较器、采样保持器、多路模拟开关、电压-电流变换器、频率解码电路等)；属于小系统级的专用集成电路有调频发射机和调频接收机等。

④ 可编程模拟器件。这是一种新型的大规模集成器件。

为了节省设计和制作的时间，提高电路的稳定性，在题目要求许可的条件下，若能选择到合适的专用集成电路，则应优先使用专用集成电路。否则应尽量使用运算放大器，在不得已的情况下，例如对功率的要求比较苛刻，普通大功率运放不能实现时才考虑使用晶体管。

选择器件时应认真阅读器件手册，弄清器件的各个参数是否符合技术指标要求(这些指标应在查阅前预先拟好)，对关键器件的参数千万不可凑合。要多查阅一些同类的器件，经过比较选取其中较优者，但在选取时还应考虑如下问题：

① 器件的来源是否广泛，切不可选取那些市场上很少见，难以买到的产品。

② 应尽量选取新问世的产品，不要选取那些已经被淘汰的产品。

③ 尽量选取调试容易的器件。

④ 尽量不要选用价格过于昂贵的器件。

由此可见，选取器件也是一项重要的技能，经过一段时间的磨练方可具备，我们在学习和训练时要加以重视，不可忽略。

4) *参数的计算*

对于数字系统设计，通常到单元电路设计这一步就可以结束了，因为数字系统的设计主要依赖于逻辑，在模块设计完毕后，除非有些地方出现逻辑错误，需要做时序上的调整外，一般不需要做大的变动。但在模拟电子系统的设计过程中，常常需要计算一些参数，例如，在设计积分电路时，不仅要求出电阻值和电容值，而且还要估算出集成运放的开环电压放大倍数、差模输入电阻、转换速率、输入偏置电流、输入失调电压和输入失调电流及温漂，这样才能根据计算结果选择元器件。计算参数时应注意以下几点：

(1) 各元器件的工作电压、电流、频率和和功耗等应在允许的范围内，并留有适当裕量，以保证电路在规定的条件下，能正常工作，达到所要求的性能指标。

(2) 对于环境温度、交流电网电压等工作条件，计算参数时应考虑到最不利的情况。

(3) 涉及元器件的极限参数(例如整流桥的耐压)时，必须留有足够的裕量，一般按 1.5 倍左右考虑。例如，实际电路中，若晶体三极管 C、E 两端的电压 U_{CE} 最大值为 20 V，则在挑选晶体三极管时 $U_{(BR)CEO} \geqslant 30$ V。

(4) 尽可能选择阻值在 1 MΩ 范围内，最大值一般不应超过 10 MΩ 的电阻，电阻的阻值应在常用电阻标称值系列之内，并根据具体情况正确选择电阻的品种。

(5) 非电解电容可在 100 pF～0.1 μF 范围内选择，其数值应在常用电容器标称值系列之内，并根据具体情况正确选择电容的品种。

(6) 在保证电路性能的前提下，尽可能地降低成本，减少器件品种，减小元器件的功耗和体积，为安装调试创造有利条件。

(7) 应把计算确定的各参数值标在电路图的恰当位置。

由于模拟电子系统在相当程度上是依赖参数之间的配合，而每一步设计的结果又会有一定的误差，整个系统的误差是各部分误差的综合结果，这就有可能使系统误差超出指标要求。所以对模拟电子系统而言，在完成前一步设计后，有必要重新核算一次系统的参数，查看是否满足指标要求，并留有一定余地。核算系统指标的方法是按与设计相反的路径进行。

5) 计算机模拟仿真

随着计算机技术的飞速发展，电子系统的设计方法也发生了很大的变化。目前，电子设计自动化技术已成为现代电子系统设计的必要手段。在计算机工作平台上，利用电子设计自动化软件，可以对各种电路进行仿真、测试、修改，从而提高了电子设计的效率和准确度，节约了设计费用。目前，电子线路辅助分析设计的常见软件有 Multisim(或 EWB)、PSPICE、Systemview 等。

对于模拟电子系统而言，EDA(电子设计自动化)技术的应用主要有两个方面：一是模拟(仿真)软件的使用，这类软件有 Multisim(或 EWB)、PSPICE、Systemview 等；二是系统可编程模拟器件(ispPAC)的应用。

在系统设计阶段以及单元电路设计阶段，可以使用 Multisim(或 EWB)、PSPICE 等软件进行仿真。与数字系统不同的是，对模拟电路的模拟结果与其器件参数关系甚大。这是因为电路中使用的模拟器件本身参数的离散性非常大，而实际使用的物理器件的参数又常常与模拟时所使用的标准器件参数相差甚远，因而模拟结果与实际制作的结果会有较大差异。所以模拟的结果不能相对数字电子系统的逻辑模拟那样准确，但作为对设计方案的探讨，一般还是有参考价值的。如果希望模拟结果尽量接近真实结果，可采用 PSICE 或高版本的 Multisim，将所选用的器件用实测参数(而不是通过手册查得的参数)输入，则模拟的结果与实际情况较为接近。

6) 实验验证

模拟电路设计时要考虑的因素和问题较多，由于电路在计算机上进行模拟时采用的元器件的参数和模型与实际器件有差别，所以还要进行实验验证。通过实验可以发现问题，从而解决问题。若性能指标达不到要求，应该深入分析问题出在哪些元件或单元电路上，再对它们重新设计和选择，直到完全满足性能指标为止。

7) 总体电路原理图的绘制

总体电路原理图(包括电路原理图和安装图)是在原理框图、单元电路、参数计算和元器件的基础上绘制的，它是安装、调试、印制电路板设计和维修的依据。可以采用 Protel 等专业绘图工具绘制电路图，要求图形符号标准、元件布局合理、排列均匀、图面清晰。

8) 电路的安装

完成以上工作后，便可进行电路的安装。电路的安装应根据设计要求来进行。对小功率电路，可采用在实验面包板上插接元件来进行，这种方法便于调试，并且可提高电路器件的重复利用率。如果要做成成品，就应采用焊接的方法将元器件安装在设计好的印制电路板上，这种方法在调试时稳定性好。焊接时应做到焊接点光滑、饱满，不能有虚焊、假焊的现象，元器件布局应合理，布线应短且规范。

9) 电路的调试

电路组装好后，通过对电路的测试和调试，找出设计方案的不足和安装不合理的位置，并采取措施加以改进，使装置达到预定的技术指标要求。

模拟电子技术课程设计所需要的常见电子测量仪器有万用表、直流稳压电源、低频信号发生器、高频信号发生器、双踪示波器等。电路调试时应注意以下几点：

(1) 调试前的直观检查。在电路安装完以后，应认真检查电路中各器件有无接错、漏接、接触不良和输出端有没有短路等，确认没有错误后接通电源。

(2) 通电观察。在调试前的直观检查后，通电试机，观察有无异常现象，有无冒烟、异常气味、元器件是否发烫等现象。如果出现异常现象，应立即切断电源，查出故障原因。

(3) 静态调试。静态是指电路在没有加信号时的状态，主要测试电路的静态工作参数。例如晶体管放大电路静态工作点的测试；输入信号为零时，输出是否接近零，调零电路是否起作用等测试。

(4) 动态调试。电路在输入端接入适当频率和幅度的信号，用示波器观察输出波形的调试。通过动态调试来检查各项指标是否满足设计要求。若没有达到设计波形，应反复调节电路的参数值，直至出现正确波形为止。

(5) 质量指标测量。测试所安装电路的各项质量指标是否达到设计要求。由于电子电路种类繁多，千差万别，设计方法和步骤也因情况不同而有所差异，因而上述设计步骤需要交叉进行，有时甚至会出现多次反复。因此在设计时，应根据实际情况灵活掌握。

4.2 模拟电路课程设计实例——函数信号发生器的设计

函数信号发生器是一种在科研和生产中经常用到的基本波形产生器，它可以产生精度较高的正弦波、方波、锯齿波等多种函数信号。电路形式可以由运放及分立元件构成，也可以采用单片机集成函数发生器。根据用途不同，有产生三种或多种波形的函数发生器，函数发生器在电路实验和设备检测中具有十分广泛的用途。

1. 任务和要求

1) 设计任务

设计一个能输出方波、三角波、正弦波的信号发生器。

2) 设计要求

(1) 根据性能指标要求，设计出电路原理图，分析电路工作原理，计算元件参数。

(2) 列出所用元器件的清单，准备需用的设备、仪表及器件。

(3) 安装调试电路，对调试过程中遇到的问题进行分析、排除，使之达到设计要求。

(4) 记录实验数据，对实验数据进行分析。

(5) 撰写课题设计报告。

3) 主要性能指标

(1) 输出波形：方波、三角波、正弦波。

(2) 频率范围：分为几个频率段，如 1～10 Hz、10～100 Hz、100～1 kHz、1～10 kHz 等。

(3) 输出电压：方波 $U_{p\text{-}p}\leqslant 24$ V；三角波 $U_{p\text{-}p}\approx 8$ V；正弦波 $U_{p\text{-}p}\approx 3$ V。

(4) 波形特征：正弦波特性用非线性失真系数表示，一般要求≤3%；三角波特性用非线性系数表示，一般要求≤2%；方波的特性参数是上升时间，一般要求≤100 ns。

2. 设计原理与框图

函数发生器可采用不同的电路形式和元器件来实现。具体电路可以由运放和分立器件构成也可以用专用集成芯片设计。

1) 由运放和分立器件构成

(1) 用正弦波振荡器实现函数发生器。用正弦波振荡器产生正弦波，正弦波信号通过变换电路(例如施密特触发器)得到方波输出，再利用积分电路将方波变成三角波。用正弦波振荡器实现函数发生器原理框图如图 4.2 所示。

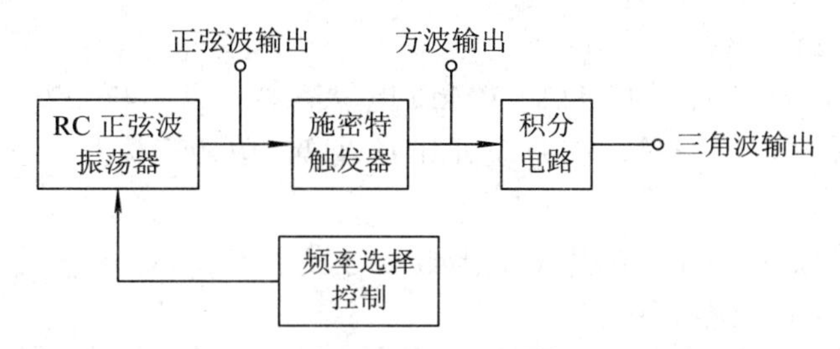

图 4.2 用正弦波振荡器实现函数发生器原理框图

正弦波振荡器可以选用桥式(RC 串并联)正弦波振荡器。该振荡器采用 RC 串并联网络作为选频和反馈网络，其振荡频率 $f_0=\dfrac{1}{2\pi RC}$，改变 R、C 的数值，就可以得到不同频率的正弦波信号。为了使输出电压稳定，必须采用稳幅的措施。

(2) 用多谐振荡器实现函数发生器。一种方案是首先利用多谐振荡器产生方波信号，然后利用积分电路将方波变为三角波，再用折线近似法将三角波变成正弦波。用多谐振荡器实现函数发生器的原理框图如图 4.3 所示。

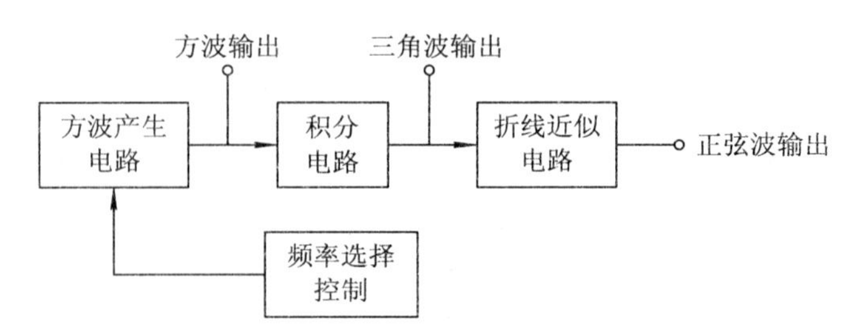

图 4.3　用多谐振荡器实现函数发生器的一种原理框图(一)

另一种方案是首先利用多谐振荡器产生方波信号，然后利用积分电路将方波变为三角波，正弦波由方波经滤波电路得到，用这种方案实现函数发生器原理框图如图 4.4 所示。

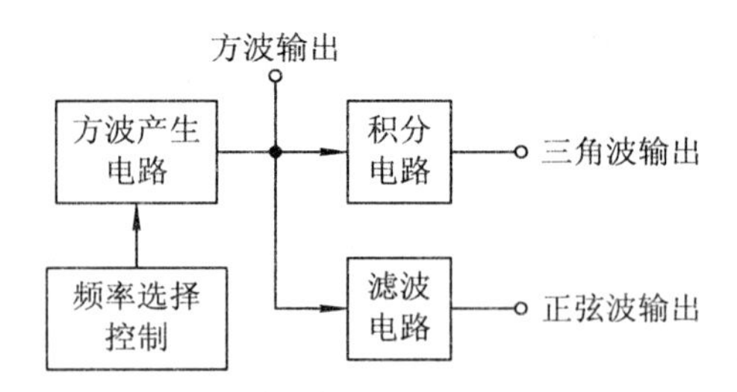

图 4.4　用多谐振荡器实现函数发生器的一种原理框图(二)

2) 用专用集成芯片设计

随着集成制造技术的不断发展，信号发生器已被制成专用集成电路。目前用的较多的集成函数发生器，只需要连接少量外部元件就能产生高精度的正弦波、方波、三角波和脉冲波。

3. 可选器材

(1) LM1702 型直流稳压电源一台。

(2) YB4324 型双踪示波器一台。

(3) LM2193 型晶体管毫伏表一台。

(4) MF47 型万用表一台。

(5) 集成运放 uA741 一片，4.7 kΩ、10 kΩ 电位器各一只，47 kΩ 电位器两只，100 kΩ 电位器三只，100 Ω 电位器一只，单刀双掷开关两只，单刀三掷开关一只，三极管四只，电容、电阻若干。

(6) 集成运放 LM318 一片，单片集成函数信号发生器 5G8038 一片。

(7) 连接导线(0.6 mm 绝缘线)若干。

4. 设计原理分析

产生正弦波、方波、三角波的方案有多种，这里介绍先产生方波—三角波，再将三角波变换成正弦波的电路设计方法。

1) 方波、三角波发生器的原理分析

图 4.5 为脉冲式方波、三角波发生器的组成原理框图。先由施密特电路产生方波，然后经变换得到三角波。该电路包括双稳态触发器、比较器、积分器等部分。

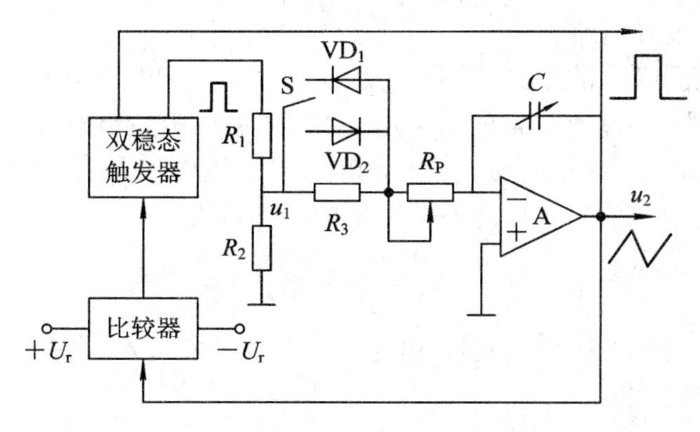

图 4.5　脉冲式方波、三角波发生器的组成原理框图

脉冲式方波、三角波发生器的工作过程为：假设开关 S 悬空，当双稳态触发器输出 u_1 为 U_1 时，积分器输出 u_2 开始线性下降；当 u_2 下降到 $-U_r$ 时，比较器使双稳态触发器翻转，u_1 由 U_1 变为 $-U_1$；同时 u_2 将线性上升，当 u_2 上升到参考电平 U_r 时，双稳态触发器又翻转，于是完成一个循环周期。不断重复上述过程，就得到方波信号 u_1 和三角波信号 u_2。上述过程的工作波形如图 4.6 所示。

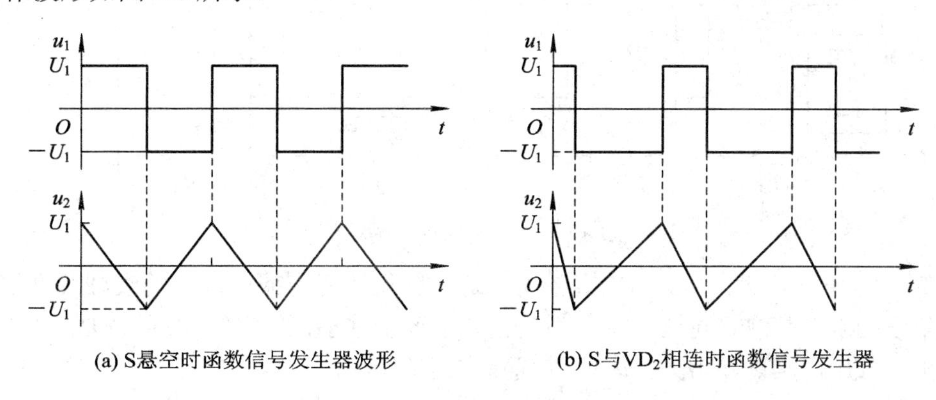

图 4.6　脉冲式函数发生器工作波形

若 S 与 VD_2 相连，当触发器输出电压为 U_1 时，VD_2 导通，R_3 被短路，积分器输出急速下降；当下降到 $-U_r$ 时，触发器翻转，输出为 $-U_1$，VD_2 截止，R_3 接入电路，u_2 输出缓慢上升，形成正向锯齿波，如图 4.6(b)所示。若 S 与 VD_1 相连，则可得到反向锯齿波和极性相反的矩形波。

综上所述，脉冲式方波、三角波发生器无独立的主振器，而是由触发器、比较器、积分器构成的自激振荡闭合回路。改变积分电容的容量或 R_P 阻值即可改变输出信号的频率。如果在电阻 R_3 的两端并接一只二极管 VD_1(或 VD_2)，可改变积分器充放电时间常数，由此可得到矩形波和三角波。

2) 正弦波形成电路原理分析

正弦波形成的方法很多，可用正弦波震荡电路直接产生，也可由三角波变换成正弦波。这里介绍由三角波变换成正弦波的方法。将三角波变换成正弦波的电路有二极管网络变换、差分放大电路等方式。

(1) 二极管网络变换电路。

二极管网络变换电路如图 4.7 所示，该电路主要由二极管和电阻组成，对输入三角波 u_i 进行可变分压处理。在三角波 u_i 的正半周，当输入瞬时值较小时，所有的二极管都被 $+E$ 截止，u_i 经 R 直接输出，输出 u_o 与 u_i 波形相同。当 u_i 瞬时值上升到 U_1 时，二极管 VD_1 导通，u_i 经 R、R_1、R_2 分压输出，u_o 比 u_i 略有下降，其值为

$$u_o = \frac{R_1 + R_2}{R + R_1 + R_2} u_i$$

当 u_i 瞬时值上升到 U_2 时，二极管 VD_3，电阻 R_4、R_5 接入，与第一级分压电路共同构成第二级分压，u_o 的衰减增大，此时 u_o 为

$$u_o = \frac{R_4 + R_5 + R_2}{R + R_4 + R_5 + R_2} u_i$$

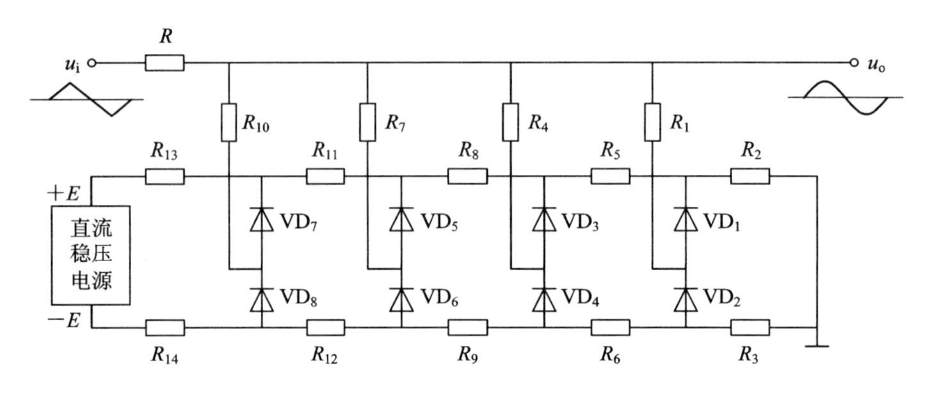

图 4.7 二极管网络变换电路

随着 u_i 的不断增大，VD_5、VD_7 依次导通，分压比逐步减小，u_o 的衰减幅度更大，使输出三角波趋于正弦波。同理，当 u_i 由其正峰值逐步减小，二极管 VD_7、VD_5、VD_3、VD_1 依次截止，分压比又逐步增大，u_o 的衰减幅度逐步变小，三角波也趋于正弦波。对于 u_i 的负半周，原理相似。其波形如图 4.8 所示。

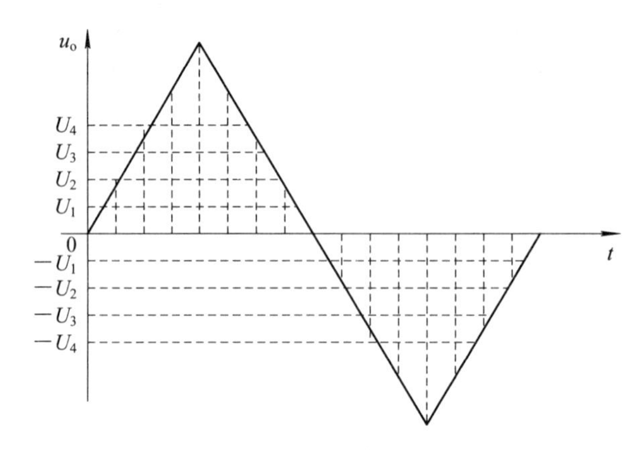

图 4.8 波形变换图

(2) 差分放大电路实现的三角波—正弦波变换。

差分放大电路实现实现三角波—正弦波变换电路的基本原理是利用差分放大器传输特性的非线性。图 4.9 为差分放大电路实现三角波—正弦波变换的电路，在该电路中，调节 R_{p1} 可改变三角波的幅度，调节 R_{p2} 可改变电路的对称性，VT_3、VT_4 组成对称恒流源电路，C_1、C_2、C_3 可耦合信号，其中 C_3 可滤除谐波分量，改善波形，减小失真。

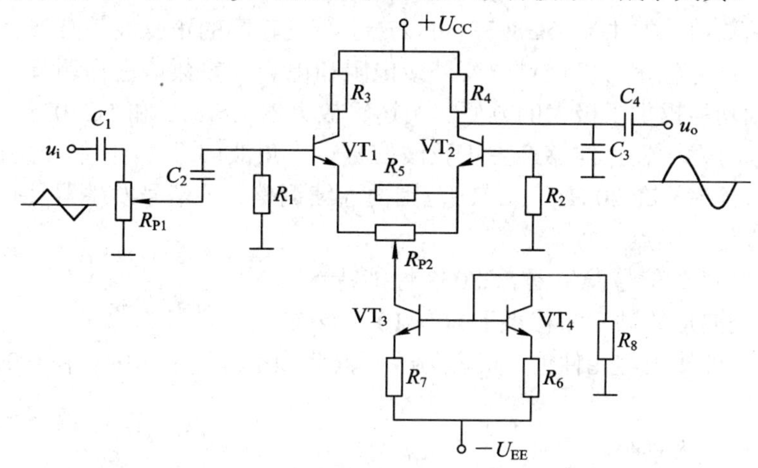

图 4.9　差分放大电路实现的三角波-正弦波变换电路

3) 用差分电路实现的方波—三角波—正弦波电路

该电路的主要技术指标：

频率范围：1～10 Hz；10～100 Hz。

输出电压：方波 $U_{P-P}\approx 24$ V，三角波 $U_{P-P}\approx 8$ V，正弦波 $U_{P-P}\approx 3$ V。

波形特性：方波的上升时间≤100 ns；三角波特性≤2%；正弦波失真系数≤3%。

如图 4.10 所示，集成运放 uA741 及其外围电路构成方波—三角波产生电路，调节 R_{P1}、R_{P2} 可改变输出波形的频率，S 为频段选择开关。VT_1、VT_2 组成差分放大器，在 VT_3、VT_4 的作用下，将输入的三角波变成正弦波输出。调节 R_{P3} 可改变输入三角波的幅度，调节 R_{P4} 可改变电路的对称性。

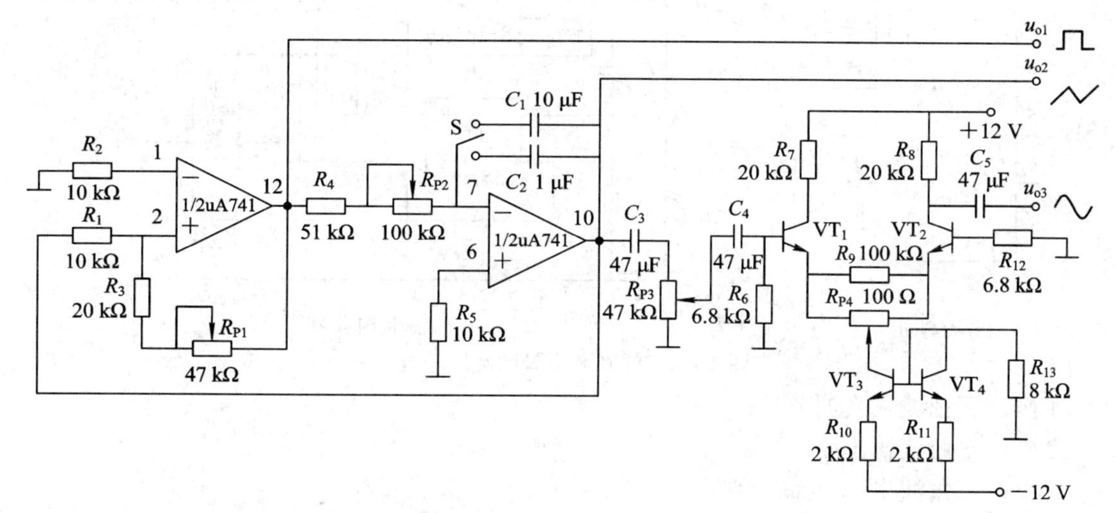

图 4.10　差分电路实现的方波—三角波—正弦波产生电路

该电路的耦合电容 C_3、C_4、C_5 可选择较大的容量(一般选择 47 μF)，这是由于输出波形频率不高；为减小输出波形的高次谐波分量，可在 C_5 的前面对地并接一个几十至几百皮法的电容。

4) 单片集成函数信号发生器 5G8038 的设计

单片集成函数信号发生器 5G8038 可以产生精度较高的正弦波、方波、矩形波和锯齿波等多种信号。信号频率可以通过改变外接电阻和电容的参数值进行调节，为实现函数信号发生器的各项功能提供了极大的方便。由运算放大器 LM318 和 5G8038、电位器等组成的多功能函数信号发生器，能够产生正弦波信号、三角波信号、频率与占空比可调的矩形波信号，其输出频率能在 20 Hz～5 kHz 范围内连续调整。该信号发生器具有调试简单、性能稳定、使用方便等优点。

(1) 单片集成函数信号发生器 5G8038 性能特点。

① 输出各类波形的频率漂移小于 50×10^{-6} Hz/℃。

② 通过调节外接阻容元件值，很容易改变振荡频率，使工作频率在 0.01 Hz～300 kHz 范围内可调。

③ 输出的波形失真小。

④ 三角波输出线性度可优于 0.1%。

⑤ 矩形脉冲输出占空比调节范围可达 1%～99%，可获得窄脉冲、方波、宽脉冲输出。

⑥ 输出脉冲(或方波)电平可达 4.2～28 V。

⑦ 外围电路简单(外接元件较少)，引出线比较灵活、适用性强。

(2) 5G8038 引脚图及原理框图。

5G8038 引脚图及原理框图如图 4.11 所示，图中各引脚的功能如下：

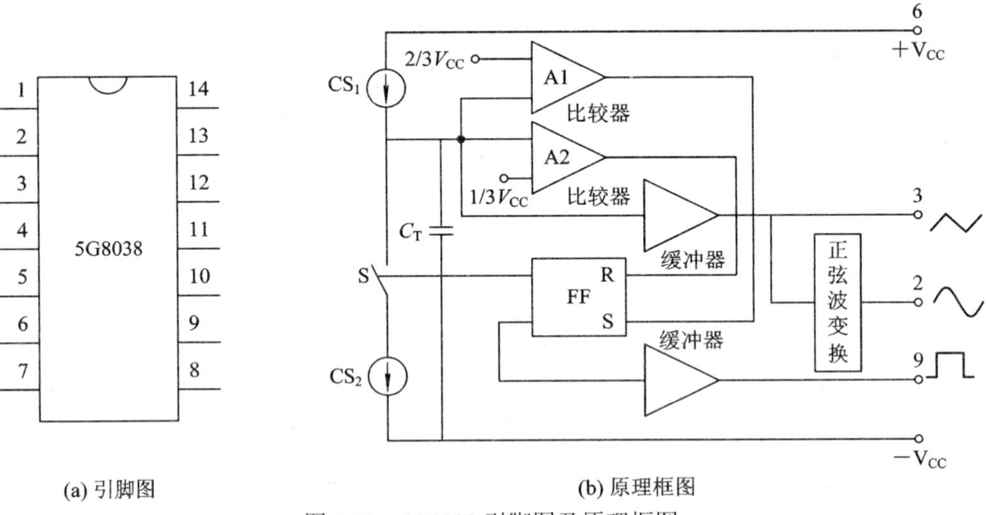

(a) 引脚图　　(b) 原理框图

图 4.11　5G8038 引脚图及原理框图

1 脚：正弦波失真调节端；

2 脚：正弦波输出端；

3 脚：三角波/锯齿波输出端；

4 脚：恒流源调节(4 脚和 5 脚外接电阻，以实现占空比的调节)；

5 脚：恒流源调节(外接电阻端)；

6 脚：正电源；

7 脚：基准源输出；

8 脚：调频控制输入端；

9 脚：方波/矩形波输出端(集电极开路输出)；

10 脚：外接电容 C；

11 脚：负电源或接地端；

12 脚：正弦波失真调节；

13、14 脚：空置端。

由图 4.11(b)可知，集成电路 5G8038 由一个恒流充放电振荡电路和一个正弦波变换器组成，恒流充放电振荡电路产生方波和三角波，三角波经正弦变换器输出正弦波。图中两个比较器 A1、A2 组成一个参考电压分别设置在 $2/3V_{CC}$ 和 $1/3V_{CC}$ 上的窗口比较器。两个比较器的输出分别控制 RS 触发器的置位端和复位端。两个恒流源 CS_1、CS_2 担任对定时电容 C_r 的充放电，而充电和放电的转换是由 RS 触发器的输出通过电子开关 S 的通或断来进行控制的。当电子开关 S 断开时，电路对外接电容 C_r 充电，当电子开关 S 接通时，电容 C_r 放电。所以，当电容参数设计恰当时，可在电容 C_r 上产生良好的三角波，经缓冲器由 3 脚输出。为了实现在比较宽的频率范围内三角波到正弦波的转换，可用一个由电阻和二极管组成的二极管网络变换电路产生正弦波，并由脚 2 输出。用于控制开关 S 的信号，即 RS 触发器的方波输出，经缓冲器由脚 9 输出。

(3) 应用电路。

图 4.12 是由 LM318 和 5G8038 组成的多功能函数信号发生器。为了提高带负载能力，可使方波、三角波、正弦波信号经输出选择开关 S_2 由运算放大器 LM318 放大后输出。通过调节电位器 R_{P1} 的位置，既可调节函数发生器的输出振荡频率的大小，又可用来调节输出矩形脉冲波的占空比。调节电位器 R_{P3}、R_{P4}，可调节输出正弦波信号失真度。S_1 为频段选择开关。调节 R_{P5}、R_{P6}，可调节信号输出幅度。

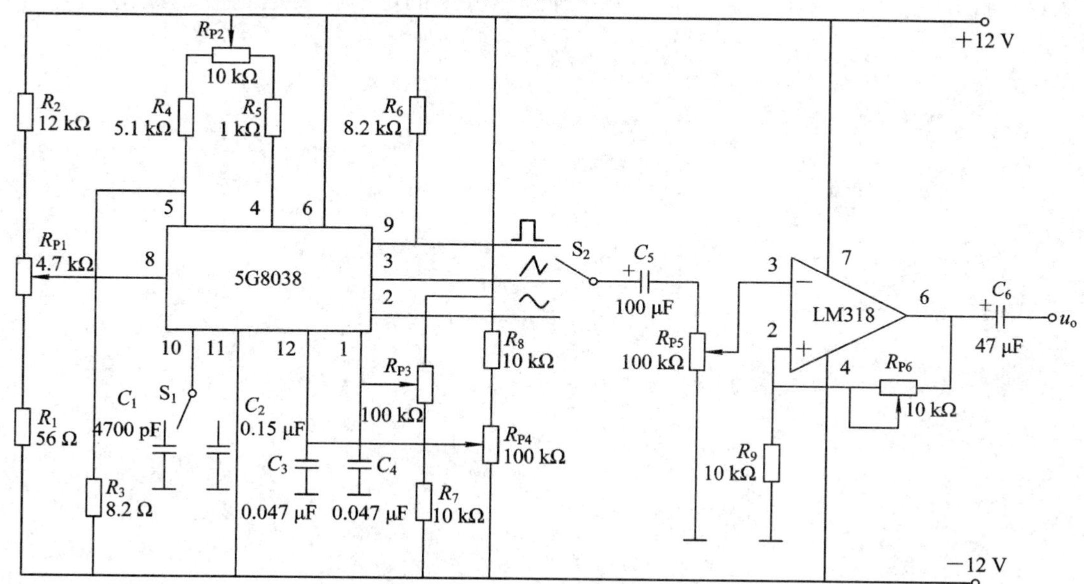

图 4.12　多功能信号发生器

为了使振荡信号获得最佳的特性，流过 5G8038 的 4 脚、5 脚的电流不能过大或过小。若电流过大，将使三角波的线性变坏，从而导致正弦波失真度增大；若电流过小，则电容的漏电流影响变大。流过 5G8038 的 4 脚、5 脚的电流的最佳范围为 1 μA～1 mA。若 4、5 脚的外接电阻相等且为 R，10 脚 S_1 接的电容为 C，则此时输出频率为

$$f = \frac{0.3}{RC}$$

式中，C 通过 S_1 可取 C_1、C_2 两个值。

5. 安装调试过程

对于图 4.10 所示差分电路实现的方波、三角波、正弦波产生电路，通常按电子线路一般调试方法进行，即先按单元电路的先后顺序进行分级安装调试，然后联调。这里就不再重复。

下面介绍由集成电路 5G8038 组成的函数信号发生器的一般调试方法。按照图 4.12 分别安装电路，检查无误后通电观察波形的输出情况然后进行调试。先调试 5G8038 构成的函数信号产生电路，再调试 LM318 构成的运放电路。具体调试步骤如下：

(1) 输出频率调节。先将频段选择开关 S_1 左边接 C_1，选择低频段范围，改变 R_{P1} 中心滑动端位置，输出波形的频率将发生改变，若不满足输出频段频率的要求，可改变 R_1、R_2、C_1 等元件的参数；再将频段选择开关 S_1 置于右边接 C_2，选择另一频段范围，改变 R_{P1} 中心滑动端位置，输出波形的频率将发生改变。

(2) 占空比(矩形波)或斜率(锯齿波)的调节。改变 R_{P2} 的位置，输出波形的占空比(矩形波)或斜率(锯齿波)将随之发生变化；若不变化，可改变 R_4、R_5、R_{P2} 等元件的参数。

(3) 正弦波失真度的调节。调节 R_{P2} 使输出的波形为正三角波(上升、下降时间相等)；然后调节 R_{P3}、R_{P4} 观察输出正弦波的波形失真程度，使之正负峰值相等且接近正弦波；最后用失真度测试仪测量失真度，细调节 R_{P3}、R_{P4}，直至满足指标要求。

(4) 输出信号幅度调节。调节 R_{P5}、R_{P6} 使输出波形的电压幅度达到指标要求。

第 5 章　数字电子技术课程设计

本章通过一个完整的数字电路的设计、安装和调试的案例，将所学到的数字电路知识融合到实际的产品设计中，从而更好地理解数字系统的概念，掌握小型数字系统的设计、组织和调试方法。

5.1　数字电路设计的基本方法

1. 数字电路的基本特性

数字电路是指只能处理数字逻辑电平信号的电路，也叫做数字逻辑电路，其基本特性如下：

(1) 严格的逻辑性：数字电路是一种逻辑运算电路，其系统描述是动态逻辑函数，数字电路的设计基础是逻辑设计。

(2) 只有“1”和“0”两种逻辑电平：数字电路的基本信号是脉冲逻辑信号，只有高电平和低电平两种状态。

(3) 严格的时序性：为实现数字系统逻辑函数的动态特性，数字电路各部分之间的信号必须有严格的时序关系。

2. 数字集成电路的应用要点

1) 仔细查阅器件型号资料

对于要选用的集成电路，要根据手册中的管脚接线图接线，按参数表给出的参数规范使用，在使用中，器件不得超过最大的电源电压、环境温度、输出电流等，否则器件会损坏。

2) 保证电源电压的稳定性

为了保证电路的稳定性，供电电源输出要稳定，噪声小。具体方法是，在电源输入和输出端之间并联大的滤波电容，以避免电源通断的瞬间产生冲击电压，损坏电源。注意不要将电源极性接反，否则会损坏器件。

3) 电路板设计要求

在设计印制电路板时，应使连接线尽量短，以减少干扰和信号传输延迟。此外电源线和地线要设计得宽一些，地线要进行大面积接地，以减少接地噪声干扰。

4) 集成电路焊接

焊接所用的烙铁功率不得超过 25 W，焊接时间不宜过长，以免高温损坏器件。焊接后严禁将焊好的印制电路板放入有机溶剂中浸泡和清洗。对集成器件的管脚进行焊接时，要注意器件安装的方向。

3. TTL 集成电路应用知识

1) 电源电压选择

根据器件手册给出的指标，正确配置电源电压。TTL 电路的电源电压一般为 5 ± 0.5 V，过高会损坏器件，过低会导致电路不能正常工作。

2) 对输入端的处理

TTL 电路多余的输入端一般不允许悬空使用，否则容易产生接收干扰，有可能造成电路的误动作。因此，多余的输入端要根据实际需要进行适当处理。例如，将与门的多余输入端接高电平，将或门的多余输入端接低电平。

3) 对于输出端的处理

(1) 输出端不能直接接地或 +5 V，否则会引起输出端与地或电源短路烧毁器件，造成系统工作异常。

(2) 除三态门、集电极开路门外，TTL 集成电路的输出端不允许直接并联使用。这是因为输出端并联会由于各输出端信号电平的不同而产生电压差，相当于输出端短接，会产生很大的电流流入输出端，导致芯片损坏。如果要将几个“集电极开路门”电路的输出端并联，以实现与功能，则应在输出端与电源之间接一个计算好的上拉电阻。

(3) 当需要器件的某个输出端驱动多个输入端时，输出端扇出系数应符合要求，否则驱动能力不够，使得电路不能正常工作。

(4) 当逻辑电路驱动容性负载时，为避免充放电电流过大损坏器件，应在输出端和负载之间接限流电阻，电阻的阻值一般为几百欧姆。

(5) 数字电路器件是以脉冲方式工作的，为防止电平跳变的瞬间形成瞬态电流对电源的干扰，在电源端以及芯片的电源和地之间应连接去耦电容，一般电容值为 0.01～0.1 μF 之间。

4. CMOS 集成电路应用知识

1) 电源电压选择

CMOS 集成电路的工作电源电压范围比较宽，在使用时要避免超过极限电源电压，要根据器件手册适当配置 CMOS 集成电路的电源范围。

2) 防止 CMOS 电路出现可控硅效应

当 CMOS 电路输入端施加的电压过高或过低，超过电源电压或小于 0 V，或者电源电压突变时，电源电流可能会迅速增大，从而烧坏器件，这种现象称为可控硅效应。

预防可控硅现象的主要措施如下：

(1) 应保证输入信号幅值不超过 CMOS 的电源电压，满足 $0 \leqslant U_I \leqslant V_{CC}$。

(2) 对不使用的电源应加限流措施，电源电流应限制在 30 mA 以内。

(3) 在条件允许的情况下，尽可能采用较低的电源电压。

(4) 要选择稳压电源，在电路设计中采取抗干扰措施消除电源上的干扰。

3) 对输入端的处理

(1) 输入端信号幅度应处于 0～V_{CC}之间。

(2) 输入脉冲的上升沿和下降沿应尽量陡峭，一般应为几毫秒。

(3) 由于 CMOS 集成电路输入阻抗很高，外界噪声影响容易窜入输入端，也可能感应静电，造成栅极被击穿，因此不用的输入端不允许悬空，应根据实际要求连接高电平或低电平。

4) 对于输出端的处理

(1) CMOS 电路的输出端不能直接连接在一起，否则导通的 P 沟道 MOS 场效应管和导通的 N 沟道 MOS 场效应管会形成低阻通路，造成电源短路。

(2) 由于电容负载会降低 CMOS 电路的速度，并增加功耗，因此在 CMOS 电路设计中，应尽量减少电容负载。

(3) CMOS 电路在特定情况下可并联使用，但器件的输出端并联，输入端也必须并联。

(4) CMOS 电路驱动其它负载，一般要外加一级驱动器接口电路。

5．数字系统设计方法

由若干能实现某种单一的特定功能的数字电路构成，按一定顺序处理和传输数字信号的电路，称为数字系统。数字系统从结构上可以划分为数据处理单元和控制单元两个部分，如图 5.1 所示。

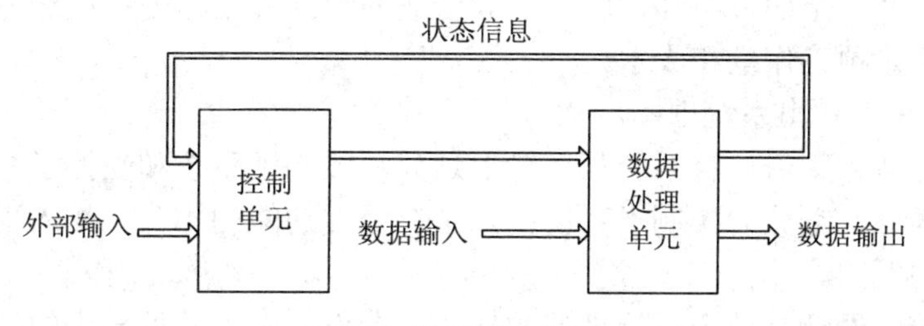

图 5.1　数字系统框图

数据处理单元接收控制单元发来的控制信号，对输入的数据进行逻辑运算、算术运算和移位操作等处理，然后输出数据，并将处理过程中产生的状态信息反馈到控制单元。控制单元根据外部输入信号及数据处理单元反馈的状态信息，决策下一步的操作，并向数据处理单元发出控制信号以控制其完成该操作。

数字系统的设计方法可以分为自顶向下和自底向上两种。自顶向下设计是指把初始设计看做一个大模块，逐级将其划分为子模块，直至物理实现。自底向上设计是指先进行下层门电路级的设计，并在此基础上建立单元模块，逐级向上构成大模块。混合设计是介于这两种方法之间的设计方法，可以在设计大模块的同时设计其中的子模块。

1) 自底向上设计方法

自底向上的设计方法是：首先根据系统的功能点寻找现有的功能模块或设计新的功能子模块，然后将这些功能模块搭建成规模大一些的功能模块，再用大一些的功能模块搭建更大的功能模块，直至搭建成系统顶层模块。一个硬件系统的实现是从选择具体的元器件开始的，如图 5.2 所示。

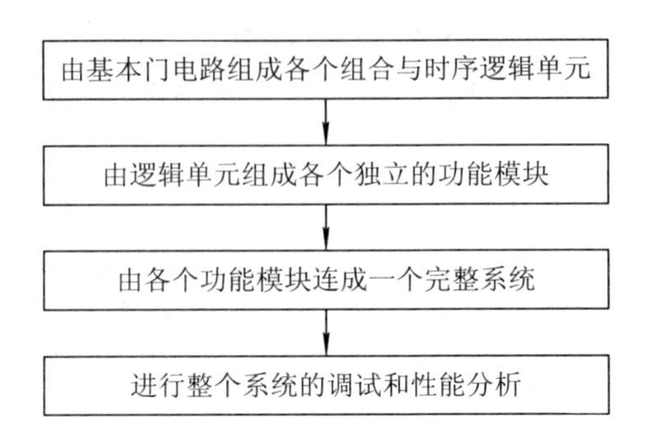

图 5.2　自底向上的设计方法

自底向上设计的优点是符合硬件工程师的传统习惯，缺点是在进行底层设计时，缺乏对系统整体性能的把握，若在整个系统设计完成之后还需改进，则比较困难。这种方法适合设计较为简单的数字电路，当系统比较复杂时，多采用自顶向下的设计方法。

2) 自顶向下的设计方法

自顶向下的设计方法是：设计从系统级设计开始，把系统划分成几个大的基本的功能模块，每个功能模块再按一定的规则分成下一个层次的基本单元，如此一直划分下去，直至分成许多最基本的模块单元。自顶向下的设计方法大致可以分为以下几步：

(1) 分析系统任务，确定总体方案。

首先明确数字系统的输入和输出，了解系统功能要求，然后对可能的实现方法及其优缺点进行深入研究，全面分析和比较，选取合适的设计方案，使得所选方案既能满足系统要求和精度，又兼顾工作量和成本。

(2) 划分逻辑，导出系统框图。

确定系统总体方案后，将系统从逻辑上划分为控制子系统和受控子系统两部分。将有关控制功能的部分，划分为控制子系统；凡是有处理功能的部分，纳入受控子系统，画出整个系统的结构框图。

控制子系统的设计是整个系统设计的核心，在设计时，根据导出的被控子系统结构，编制出数字系统的控制算法，从而得到数字系统的控制状态图，并采用同步时序电路设计的方法完成控制子系统的设计。

(3) 功能分解，描述系统逻辑。

对逻辑功能划分后得到了被控制子系统结构中的各个模块，对这些模块进行功能分解，直至能够选取合适的芯片实现这些功能。这一过程是一个逐级分解的过程，随着分解的进行，每个子系统的功能越来越专一和明确，因而系统的总体结构也越来越清晰。分解完成后，对各个子系统及控制器进行功能描述：用硬件描述语言或 ASM 图等手段，定义和描述硬件结构的算法，并由算法转化成相应的结构。

(4) 逻辑电路设计。

这一步的任务是设计具体电路，选择合理的器件及连接关系以实现系统逻辑要求，并绘制系统总原理草图。在设计时要尽可能选择现成的电路，这样有助于减少调试量。在元器件的选择上要优先选用中大规模集成电路，这样不但能够简化设计，而且有利于提高系统的可靠性。设计通常采用两种方法来表达：电路图方法和硬件描述语言方法。

(5) EDA 仿真。

完成以上设计之后，为了保证系统设计的正确性，接下来采用 CAD 或 EDA 软件对所设计的系统进行仿真以验证设计电路的正误。如果仿真结果有误，则需要返回前面重新设计。

(6) 电路安装和调试。

在仿真结果正确后，用具体器件搭建电路，并完成电路和系统调试。搭建电路时，一般按照自底向上的顺序进行，分别调试各个模块和子系统，最终将整个系统搭建出来。因此，数字系统设计的过程应该是“自顶向下设计，自底向上集成”。

自顶向下的设计过程是一个反复修改和补充的过程，在下一级的定义和描述中往往会发现上一级的定义和描述中的缺陷或错误，因此必须对上一级的定义和描述不断地加以修正，才能使设计日臻完善。

6．数字集成电路的组装与调试

当完成了设计任务后，就要把器件焊接在电路板上，对电路进行组装和调试。

1) 数字电路的组装

课程设计中一般采用面包板进行电路组装和调试，这种方式器件利用率高，便于测试。下面介绍在面包板上用插接方式组装电路的方法。

(1) 集成电路的装插。插接集成电路时应注意器件的方向，不要方向插倒；为了便于接线和调试，要求所有集成电路的插入方向要保持一致；在插拔器件时要确保将管脚插入孔内，避免弯曲。

(2) 元器件的位置。根据电路图确定元器件在面包板上的位置，并按照信号流向将元器件顺序连接，以便于调试。

(3) 导线的选用和连接。导线直径应与面包板插孔直径一致，过粗会损坏插孔，过细则会与插孔接触不良。连接用的导线要紧贴在面包板上，避免接触不良。连线不允许跨接在集成电路上，一般从集成电路周围通过，尽量做到横平竖直，便于查找和更换器件。

为检查电路方便，根据不同用途，导线选用不同的颜色。一般习惯上正电源用红线，负电源用蓝线，地线用黑线，信号线用其他颜色的线。

(4) 所有器件的多余输入端不允许悬空，要根据实际情况做合适的处理。

2) 数字电路的调试

数字电路的调试步骤如下：

(1) 通电前检查。数字电路搭接完成后，用万用表检查各接线是否正确，要防止漏线、错线和接触不良等现象发生。特别要注意整个系统的地线和电源线的连接是否正确，电源和地之间的电阻值应在几千欧姆以上，若此阻值过小，先不能通电，检查电路是否有短路。

(2) 通电检查。先将电源和电路断开，检查电源输出电压是否无误，无误后通电。通电后，观察电路中各部分器件有无异常现象，如果出现异常现象，则应立即关闭电源，排除故障。电路中的高电平应大于 3 V，低电平应小于 0.4 V，介于两者之间的电平为非正常电平，会造成逻辑错误，如果有介于两者之间的电平出现，则需要排除电路故障。

(3) 单元电路调试。调试时先分别调试各单元电路。在调试单元电路时，应明确本单元电路的调试要求，按调试要求测试性能指标和观察波形，然后对电路进行分析、判断，排除故障，完成调试。

(4) 每个单元电路先独立组装、独立测试，功能正确后，单元电路之间才能互连，进行整机联调。整机联调时应观察各单元电路连接后各级之间的信号关系，主要观察动态结果，检查电路的性能和参数，分析系统性能是否满足要求，对发现的故障和问题及时处理。

3) 数字电路的测试和故障排除

(1) 数字电路测试。数字电路测试可分为静态测试和动态测试两部分。静态测试是指给数字电路输入若干组静态值值，测试数字电路的输出是否正确。静态测试的目的是检查设计是否正确，接线是否无误。在静态测试的基础上，按照设计要求在输入端加动态脉冲信号，观察输出波形是否符合设计要求，这就是动态测试。一般来说，有些数字电路只需要进行静态测试即可，而有些则必须进行动态测试，如时序电路。

(2) 数字电路的故障查找和排除。电路的故障一般由以下几个方面的原因造成：

① 器件故障。器件故障是器件失效或器件插接不正确引起的故障，表现为器件工作不正常。判断器件失效的方法是用集成电路测试仪测试器件或采用静态测试法进行判断。器件接插问题一般由导线接触不良或管脚折断造成，比较难以发现，需要仔细检查。

② 接线错误。常见的接线错误包括：连接导线和插孔接触不良；连线导线内部折断；连线多接、错接、漏接；连线过长，过乱造成干扰；忘记接器件的电源和地线等。解决此问题需要严格按照接线图接线，接线要规范、整齐，以免引起干扰。

③ 设计错误。设计错误的原因一般是对设计要求没有充分理解，或者对器件的原理没有掌握造成的，因此一定要精心设计。初始设计完成后应对设计进行 EDA 仿真，保证电路的设计正确。

④ 测试方法错误。测试时仪器、仪表的使用不正确，也会造成试验现象与设计不符的情况。

故障排除时，切忌拔出全部导线重新搭接电路，此法是不科学的，应按照以下步骤进行。

① 检查仪器、仪表的使用是否正确。

② 按照逻辑图和接线图逐级检查问题所在。通常从发现问题的地方，逐级向前找，直至找出故障的初始位置。

③ 在故障初始位置处，首先检查接线是否正确，由于大部分故障都是由于接线错误引起的，因此一定要认真检查。确认接线无误后，再检查器件引脚是否有折断、弯曲、插错现象。

④ 确认无上述问题后，取下器件，测试器件是否损坏。

⑤ 如果上述检查都无误，则需要考虑是否设计有问题。

7. 数字电路的抗干扰措施

数字电路在工作中会受到各种干扰的影响，使得电路无法正常工作，因此在设计环节需要采用合适的抗干扰措施来消除干扰的影响，保证电路处于正常工作状态。常见的干扰有电源干扰、电磁场干扰和通道干扰等，下面介绍目前广泛采用的抗干扰措施。

1) 供电系统抗干扰措施

电源和输电线路存在内阻，这些内阻引起了电源的噪声干扰，为防止由电源引入的干扰可以采取以下措施：

(1) 采用交流稳压电源保证功能供电的稳定性，防止电源系统的过压和欠压。

(2) 由于高频噪声主要是靠变压器初级和次级之间的寄生电容耦合引入电路的，因此采用隔离变压器供电，将变压器的初级和次级之间均用屏蔽隔离，以减少其分布电容，提高共模干扰的能力。

(3) 加装滤波器。

① 电源系统的干扰主要是高次谐波，因此采用低通滤波器滤去高次谐波，以改善电源波形。

② 采用高频干扰电压对称滤波器和低频干扰对称滤波器分别抑制对高频噪声干扰和低频噪声干扰。

③ 为减少公用电源内阻在电路间形成的噪声耦合，在直流电源输出端需加装高、低通滤波器。

④ 当一个直流电源同时给几个电路供电时，为了避免几个电路之间通过电源内阻造成的干扰，应在每个电路的直流电源进线之间加装 π 形 RC 或 LC 去耦滤波器。

(4) 采用分散独立电源模块供电，在每个功能电路上用三端稳压集成块组成稳压电源。每个功能块单独有电压过载保护，不会因某个稳压电源故障而使整个系统破坏，而且也减少了公共阻抗的相互耦合以及和公共电源的相互耦合，大大提高供电的可靠性，也有利于电源散热。

(5) 在设计接地时，模拟和数字系统都应尽量有自己的电源。模拟地和数字地只有一点接到公共地上，数字电路内部的接地方式尽量采用并联方式一点接地，否则会形成公共阻抗，引起干扰。

2) 屏蔽技术

为防止外界的场(包括电场、磁场、电磁场)进入某个需要保护的区域，利用金属板、金属网以及金属盒等把电磁场限制在一定空间内，或把电磁场削弱到一定程度的措施称为屏蔽，称这种金属体为屏蔽体。

一般选用铜、铝等导电率高的金属材料抑制电场；选用高导磁材料(如锰合金、磁钢、贴等)抑制低频磁场；选用铜、铝等良导体抑制高频磁场。在进行磁屏蔽时，屏蔽体不用接地；而在屏蔽电场时，才需要将屏蔽体接地。

屏蔽体上尽量不要开洞，以免电磁干扰泄漏。必须开洞时，可采用大量的小孔代替大的孔洞，这样能改善屏蔽效果。

3) 传输通道抗干扰措施

在电子电路信号的长距离传输过程中会产生通道干扰，为了保证长距离传输的可靠性，主要采用光电耦合隔离、双绞线传输等措施。

4) 接地

在电子线路中，地线有机壳地(屏蔽地)、数字地(逻辑地)、模拟地等。如果一个电路有两点或两点以上接地，则由于两点之间的地电位差而会引起干扰，因此一般采用单点接地。一个系统中既有逻辑电路，又有模拟电路，为了避免数字电路对模拟电路造成干扰，数字电路和模拟电路的地线不能相混，应分别与电源端地线相连。目前多采用“三套法”接地系统，将接地系统分为三类：

(1) 信号地：包括逻辑电路、控制电路等低电平的信号地，即工作地。

(2) 功率地：包括继电器、电磁阀、电动机、大电流驱动电源等大功率电路及噪声源的地，也叫噪声地。

(3) 机壳地：包括设备机壳、机柜等金属构件的地。

5) 其他常用抗干扰措施

(1) 在电路的关键部位配置去耦电容。

(2) CMOS 器件的输入阻抗很高，使用时应对其不用端根据功能进行接地或接电源。

(3) TTL 器件的多余输入端不能悬空，以免引入干扰，应根据其功能进行处理。

(4) 按钮、继电器、接触器等器件的触点在动作时会产生电火花，必须采用 *RC* 电路加以吸收。

5.2　数字电路课程设计实例——数字电子钟逻辑电路设计

在设计一个数字电路时，首先必须明确系统的设计任务及要求，根据任务及要求进行方案选择，画出系统框图。然后设计方案中各部分单元电路、计算参数和选择器件，最后将各部分连接在一起，画出一个符合要求的完整系统电路图。

1．简述

数字电子钟是一种用数字显示秒、分、时、周的计时装置，与传统的机械钟相比，它具有走时准确、显示直观、无机械传动装置等优点，因而得到了广泛的应用。

2．明确设计任务及要求

对设计任务进行具体分析，充分了解系统的性能、指标和要求，明确应该完成的任务。本节要求用中、小规模集成电路设计一台能显示周、时、分、秒的数字电子钟，具体要求如下：

(1) 由晶振电路产生 1 Hz 标准秒信号。

(2) 秒、分为 00～59 六十进制计数器。

(3) 时为 00～23 二十四进制计数器。

(4) 周显示从 1～日为七进制计数器。

(5) 可手动校时：能分别进行秒、分、时、周的校时。只要将开关置于手动位置，可分别对秒、分、时、周进行手动脉冲输入调整或连续脉冲输入的校正。

(6) 整点报时。整点报时电路要求在每个整点前鸣叫五次低音(500 Hz)，整点时再鸣叫一次高音(1000 Hz)。

3．设计方案选择

根据设计任务及要求，将任务分解为若干个单元模块，并画出能完成各个模块功能的整机设计原理框图，完成系统的功能设计框图。

首先根据数字电子钟的设计任务及要求，将其分解为以下几个部分：石英晶体振荡器和分频器组成秒脉冲发生器、校时电路、六十进制秒、分计数器，二十四进制(或十二进制)计时计数器以及秒、分、时的译码显示部分等，系统框图如图 5.3 所示。

4．单元电路设计、参数计算和器件选择

根据系统指标，对照数字电子钟的框图，明确各部分任务，进行单元电路的设计，并

计算参数，然后选择器件。下面分别按照框图中的模块进行设计和调试，之后将各个模块按照逻辑功能连接在一起，完成整个设计。

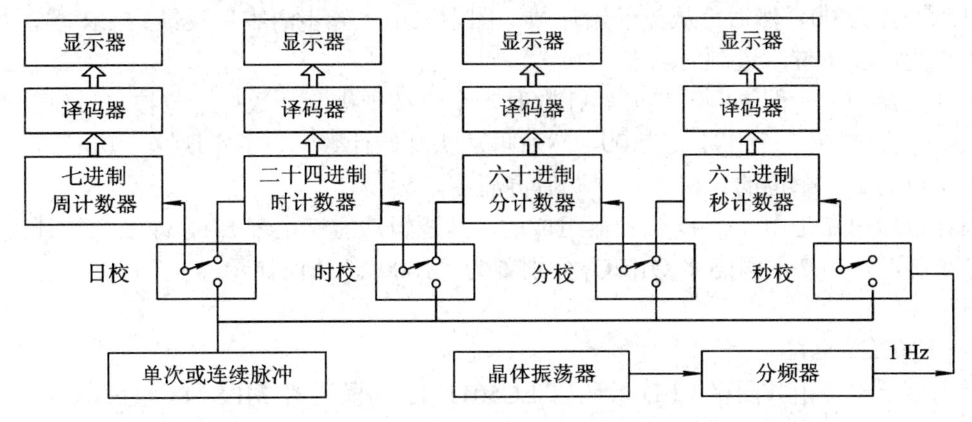

图 5.3　数字电子钟框图

1) 秒脉冲发生器

秒脉冲发生器是数字电子钟的核心部分，其精度和稳定性决定了数字电子钟的质量。通常用晶体振荡器发出的脉冲经过整形、分频获得 1 Hz 的秒脉冲。如晶振为 32 768 Hz，经过 15 次二分频后可获得 1 Hz 的秒脉冲输出。秒脉冲发生器的电路如图 5.4 所示。

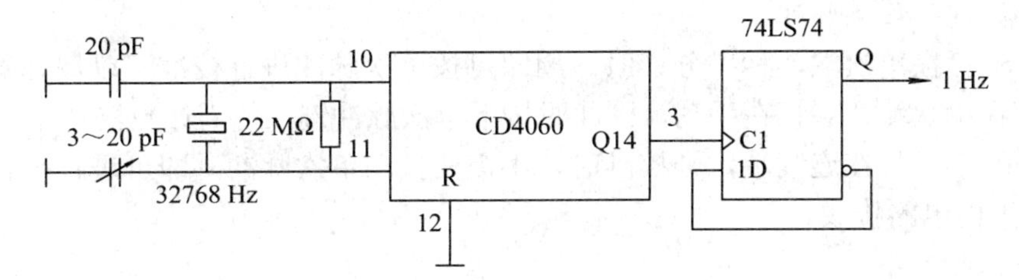

图 5.4　秒脉冲发生器

2) 计数译码显示

秒、分、时、周分别为六十、六十、二十四和七进制计数器。秒、分计数器显示范围为 00～99，其个位为十进制，十位为六进制。时计数器显示范围为 00～23，其个位为十进制，十位为二进制，并当十位计到 2，个位计到 4 时，时计数器清零，这样，就实现了二十四进制。周计数器为七进制，一周的显示分别为星期“日、1、2、3、4、5、6”，周计数器应根据译码显示器的状态表来进行显示(日用数字 8 代替)，如表 5-1 所示。

表 5-1　周计数器译码显示状态表

Q_4	Q_3	Q_2	Q_1	显示
1	0	0	0	日
0	0	0	1	1
0	0	1	0	2
0	0	1	1	3
0	1	0	0	4
0	1	0	1	5
0	1	1	0	6

本设计中使用集成电路 74LS161 实现秒、分、时的计数，其中秒、分为六十进制，时为二十四进制。从图 5.5 中可发现，秒、分计数器电路结构完全相同，当计数到 59 时，再来一个脉冲变为 00，然后再从头开始计数。图中采用“异步清零”反馈到 CR 端，从而实现个位十进制及十位六进制的功能。

时计数器为二十四进制，当开始计数时，个位按十进制计数，十位按二进制计数，当计数到 23 时，再来一个脉冲变为 00，然后再从头开始计数。为了实现这一功能，图 5.5 中采用了十位的 2 和个位的 4 相“与非”后再清零。

周计数器电路是由 4 个 D 触发器组成的，其逻辑功能满足表 5-1，即当计数计到 6 后，再来一个脉冲，用 7 的瞬态将 Q_4～Q_1 分别置为“1000”，从而显示“日”(此处用数字 8 作为“日”显示)。

3) 译码显示电路

译码显示电路由共阴极 LED 数码管 LC5011-11 和译码器 74LS248 组成，也可以选用共阳极数码管和译码器。

4) 校正电路

在整个电路电源接通瞬间，由于电子钟秒、分、时、周显示为任意值，所以需要对电子钟进行校调。将开关置于手动位置，分别对秒、分、时、周进行单独计数。校调电子钟时，计数器由单次脉冲或连续脉冲驱动。

5) 单次脉冲、连续脉冲

若开关 S_1 打在单次端，秒、分、时、周即可按单次脉冲进行校准。以周计数器为例，若开关 S_1 打在单次端，S_2 打在手动，则此时按下单次脉冲键，使周计数器从星期一到星期日计数。若开关 S_1 打在连续端，则校准时，不需要按动单次脉冲，即可进行校正。单次、连续脉冲均由门电路构成。

6) 整点报时电路

电子钟在每次到达整点之前 6 秒，都需要报时，这可用译码电路来实现，即当分计数器为 59，且秒计数器为 54 时，输出一个延时高电平，并将延时高电平保持。到秒计数器为 58 时，结束延时高电平，打开低音与门，使得报时器按 500 Hz 频率鸣叫 5 声。而当秒计数器计到 59 时，则驱动高音 1 kHz 频率输出而鸣叫 1 声。

图 5.5 中，当分计数器计到 59 分时，将分触发器 Q_H 置 1，等待秒计数器计到 54 秒时，将秒触发器 Q_L 置 1，然后通过 Q_H 和 Q_L 相“与”后，再和 1 s 标准秒信号相“与”，将输出信号用来控制低音喇叭鸣叫，直至 59 秒时，产生一个复位信号，使得 Q_L 清零，停止低音鸣叫。同时 59 秒信号的反相又和 Q_H 相“与”后控制高音喇叭鸣叫。当分、秒计数器从 59:59 到达 00:00 时，鸣叫结束，完成整点报时。

7) 鸣叫电路

鸣叫电路由高、低两种频率通过或门去驱动一个三极管，带动喇叭鸣叫。高、低两种频率从晶振经分频后获得，如图 5.5 中的 CD4060 分频器的输出端 Q_5 和 Q_6，Q_5 和 Q_6 输出频率分别为 1024 Hz 和 512 Hz。

5. 参考电路

根据设计任务和要求，给出数字电子钟逻辑电路参考图，如图 5.5 所示。

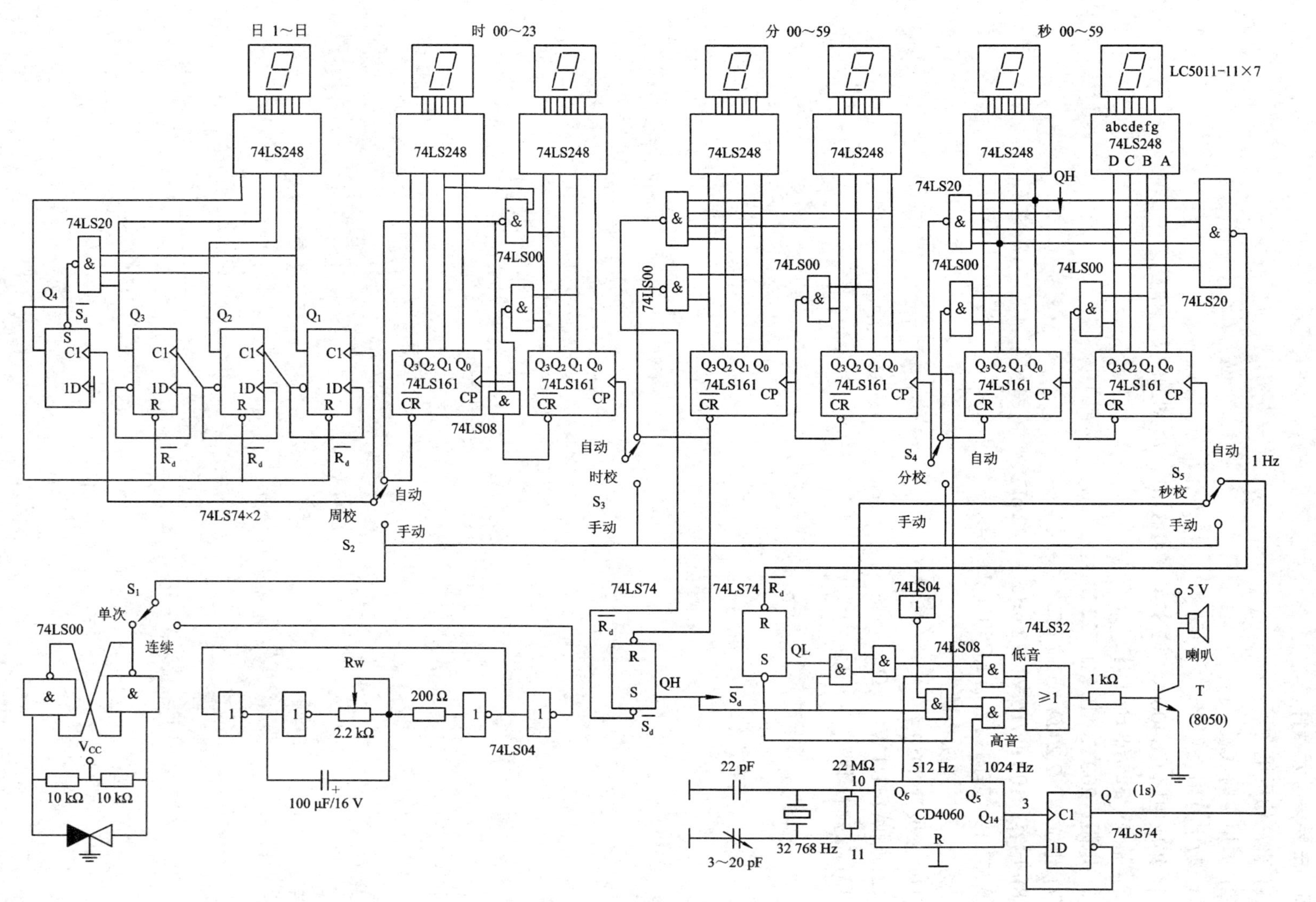

图 5.5　数字电子钟逻辑电路参考图

6. 主要参考元器件

(1) 直流稳压电源。

(2) 通用实验底板。

(3) 数字万用表 1 个。

(4) 集成电路 CD4060、74LS74、74LS161、74LS248 及门电路若干。

(5) 晶振：32 768 Hz 1 片。

(6) 电阻：200 Ω、10 kΩ、22 MΩ。

(7) 电位器：2.2 kΩ 或 4.7 kΩ。

(8) 电容：100 μF/16 V、22 pF、3～22 pF。

(9) 数显：共阴显示器 LC5011-11。

(10) 开关：单次按键。

(11) 三极管 8050。

(12) 喇叭：1/4 W，8 Ω。

(13) 导线若干。

第 6 章　Multisim10.0 软件及应用

利用 Multisim 可以实现计算机仿真设计与虚拟实验。与传统的电子电路设计与实验方法相比，它具有如下特点：设计与实验可以同步进行，可以边设计边实验，修改调试方便；设计和实验用的元器件及测试仪器仪表齐全，可以完成各种类型的电路设计与实验；可方便地对电路参数进行测试和分析；可直接打印输出实验数据、测试参数、曲线和电路原理图；实验中不消耗实际的元器件，实验所需元器件的种类和数量不受限制，实验成本低，实验速度快，效率高；设计成功的电路可以直接在产品中使用。

6.1　Multisim10.0 基本功能简介

1. Multisim10.0 软件简介

Multisim 的前身为 EWB(electronics workbench)软件。它以界面形象、直观、操作方便、分析功能强大、简单易学等优点，早在 20 世纪 90 年代就在我国得到迅速推广。Multisim 具有强大的仿真分析功能，可以进行电路分析、模拟电路、数字电路、高频电路、电力电子、自控原理等各个方面的虚拟仿真。

Multisim 是一个完整的设计工具系统，提供了一个庞大的元件数据库，并提供原理图输入接口、全部的数模 SPICE(Simulation Program with Integrated Circuit Emphasis)仿真功能、VHDL/Verilog 设计接口与仿真功能、FPGA/CPLD 综合、RF 射频设计能力和后处理功能，还可以进行从原理图到 PCB 布线工具包(如：Electronics Workbench 的 Ultiboard)的无缝数据传输。

使用 Multisim 可交互式地搭建电路原理图，并对电路行为进行仿真。Multisim 提炼了 SPICE 仿真的复杂内容，这样使用者无需弄懂 SPICE 技术就可以很快地进行捕获、仿真和分析新的设计，使其更适合电子学教育。通过 Multisim 和虚拟器技术，使用者可以完成从理论到原理图捕获与仿真，再到原型设计和测试这样一个完整的综合设计流程。

Multisim10.0 推出了很多专业设计特性，主要是高级仿真工具、增强的元件库和扩展的用户社区，主要的特性包括：

(1) 所见即所得的设计环境。

(2) 互动式的仿真界面。

(3) 元件库包括 1200 多个新元器件和 500 多个新 SPICE 模块，这些都来自于如美国模拟器件公司(Analog Devices)、凌力尔特公司(Linear Technology)和德州仪器(Texas Instruments)等业内领先厂商，其中包括 100 多个开关模式电源模块。

(4) 动态显示元件(如 LED，七段显示器等)。

(5) 汇聚帮助(Convergence Assistant)功能能够自动调节 SPICE 参数，纠正仿真错误。

(6) 数据的可视化分析功能，包括一个新的电流探针仪器和用于不同测量的静态探点，以及对 BSIM4 参数的支持。

(7) 具有 3D 效果的仿真电路。

Multisim 软件使电子电路的设计及仿真更为方便，它广泛地应用于教学实验中。下面简单介绍 Multisim10.0 的基本功能与基本操作。

2. Multisim10.0 的基本操作界面

安装 Multisim10.0 软件后，打开 Multisim10.0 软件，其基本界面如图 6.1 所示。Multisim10.0 软件以图形界面为主，采用菜单、工具栏和热键相结合的方式，具有一般 Windows 应用软件的界面风格，下面对各部分加以介绍。

1) 菜单栏

Multisim10.0 菜单栏与所有 Windows 应用程序类似，主菜单中提供了软件几乎所有的功能命令。Multisim10 菜单栏中包含 12 个主菜单项，如图 6.1 所示，分别为文件(File)菜单、编辑(Edit)菜单、窗口显示(View)菜单、放置(Place)菜单、MCU 单片机仿真模块、仿真(Simulate)菜单、文件输出(Transfer)菜单、工具(Tools)菜单、报告(Reports)菜单、选项(Options)菜单、窗口(Window)菜单和帮助(Help)菜单。在每个主菜单下都有一个下拉菜单，用户可以从中找到电路文件的存取、SPICE 文件的输入和输出、电路图的编辑、电路的仿真与分析以及在线帮助等各项功能的命令。

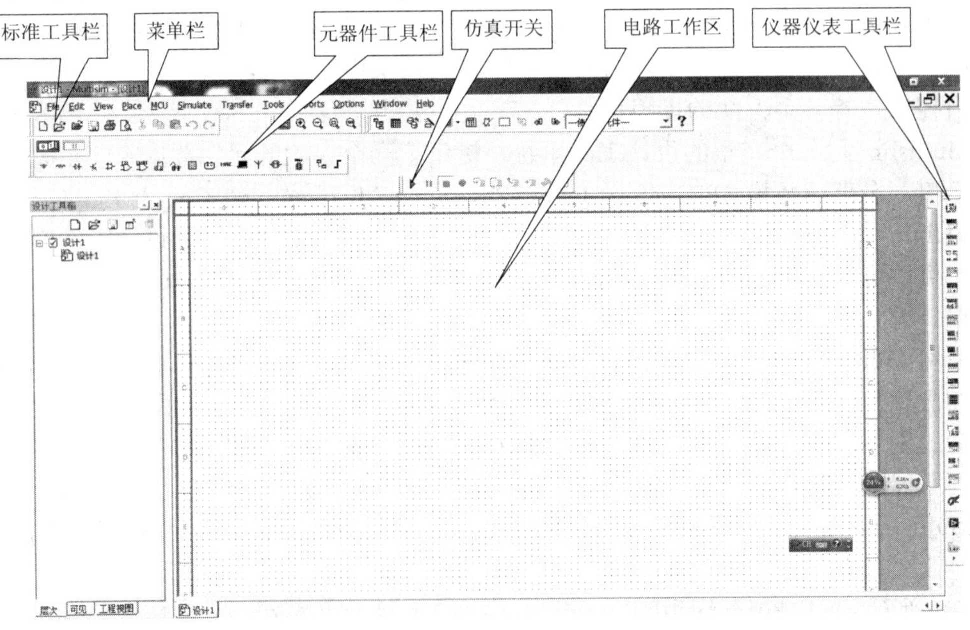

图 6.1　Multisim10.0 的用户界面

2) 标准工具栏

标准工具栏如图 6.2 所示，主要提供一些常用的文件操作功能，各按钮的功能从左到右分别为：新建文件、打开文件、打开设计实例、保存文件、打印电路、打印预览、剪切、复制、粘贴、撤销、恢复。

图 6.2 标准工具栏

3) 元器件工具栏

Multisim10.0 的元件工具栏包括 18 种元件分类库，如图 6.3 所示。每个元件库放置同一类型的元件，元件工具栏还包括放置层次电路和总线的命令。

MISC

图 6.3 元器件工具栏

信号源库：含接地、直流信号源、交流信号源、受控源等 6 类。

基本元器件库：含电阻、电容、电感、变压器、开关、负载等 18 类。

二极管库：含虚拟、普通、发光、稳压二极管、桥堆、晶闸管等 9 类。

晶体管库：含双极型晶体管、场效应晶体管、复合晶体管、功率晶体管等 16 类。

模拟集成电路库：含虚拟、线性、特殊运算放大器和比较器等 6 类。

TTL 数字集成电路库：含 74STD 和 74LS 两大系列。

CMOS 数字集成电路库：含 74HC 系列和 CMOS 系列器件的 6 个系列。

其他数字器件库：含虚拟 TTL、VHDL、Verilog-HDL 器件等 3 个系列。

模数混合器件库：含 ADC / DAC、555 定时器、模拟开关等 4 类。

指示器件库：含电压表、电流表、指示灯、数码管等 8 类。

电力器件库：含保险丝、稳压器、电压抑制、隔离电源等 9 类。

MISC 杂项器件库：含晶体振荡器、集成稳压器、电子管、熔丝等 14 类。

高级外围设备器件库：含键盘、LCD、和一个显示终端的模型。

射频元件库；含射频 NPN、射频 PNP、射频 FET 等 7 类。

电机类器件库；含各种开关、继电器、电机等 8 类。

单片机模块：只有 8051、PLC16 的少数模型和一些 ROM、RAM 等。

层次模块：将已有的电路作为一个子模块加到当前电路中。

放置总线：用来放置总线。

4) 仿真开关

仿真开关包括运行开关、暂停仿真开关和停止仿真开关，用以控制仿真进程。

5) 仪器仪表工具栏

仪器仪表工具栏如图 6.4 所示，它包含各种对电路工作状态进行测试的仪器仪表和探针。仪器仪表工具栏中含有 21 种对电路工作状态进行测试的仪器仪表，它们依次为数字万用表、函数发生器、功率表、双通道示波器、四通道示波器、波特图图示仪、频率计数器、数字信号发生器、逻辑分析仪、逻辑转换器、伏安特性分析仪、失真分析仪、频谱分析仪、网络分析仪、安捷伦信号发生器、安捷伦数字万能表、安捷伦示波器、泰克示波器、测量探针、Labview 测试仪和电流探针。

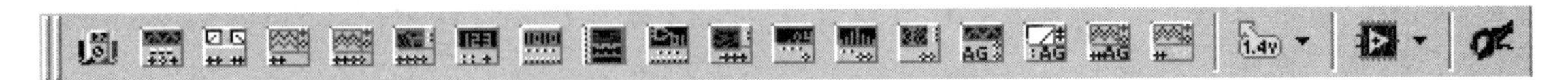

图 6.4　仪器仪表栏

6) 电路工作区

电路工作区是进行电子设计的工作视窗，电路图的编辑绘制、仿真分析及波形数据显示等都将在此窗口中进行。

6.2　Multisim10.0 常用虚拟仪器的使用

Multisim10.0 中提供了 20 种在电子线路分析中常用的仪器。这些虚拟仪器的参数设置、使用方法和外观设计与实验室中的真实仪器基本一致。在 Multisim10 中单击 Simulate→Instruments 后，便可以使用它们。下面介绍几种常用的虚拟仪器的使用方法。

1. 数字万用表

数字万用表(Mulitimeter)可以用来测量交流电压(电流)、直流电压(电流)、电阻以及电路中两节点的分贝损耗。其量程可也自动调整。

单击 Simulate→Instruments→Multimeter 后，有一个万用表虚影跟随鼠标在电路窗口的相应位置移动，单击鼠标，完成虚拟仪器的放置。如图 6.5(a)所示，双击该图标得到数字万用表参数设置控制面板如图 6.5(b)所示。该面板的各个按钮的功能如下所述。

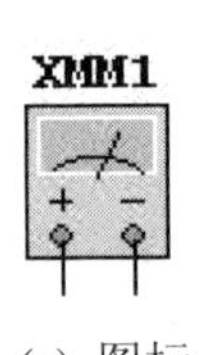

(a) 图标

(b) 参数设置控制面板

图 6.5　数字万用表

图 6.5(b)中，上面的黑色条形框用于测量数值的显示。下面为测量类型的选取栏。

(1) A：测量对象为电流。

(2) V：测量对象为电压。

(3) Ω：测量对象为电阻。

(4) dB：将万用表切换到分贝显示。

(5) ～：表示万用表的测量对象为交流参数。

(6) —：表示万用表的测量对象为直流参数。

(7) +：对应万用表的正极。

(8) −：对应万用表的负极。

(9) Set：单击该按钮，可以设置数字万用表的各个参数，如图 6.6 所示的对话框。

2. 函数信号发生器

函数信号发生器(Function Generator)可用来提供正弦波、三角波和方波信号的电压源。

单击 Simulate→Instruments→Function Generator，得到如图 6.7(a)所示的函数信号发生器图标。双击该图标，得到如图 6.7(b)所示的函数信号发生器参数设置控制面板。该控制面板的各个部分的功能如下所示。

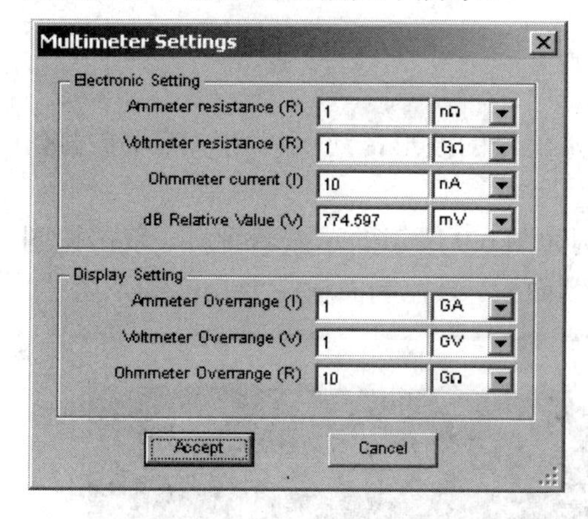

图 6.6　数字万用表参数设置对话框

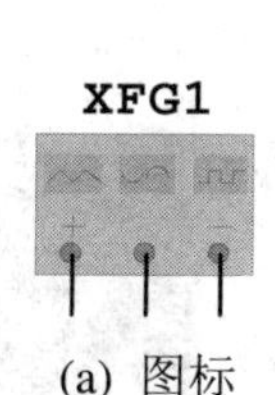

(a) 图标

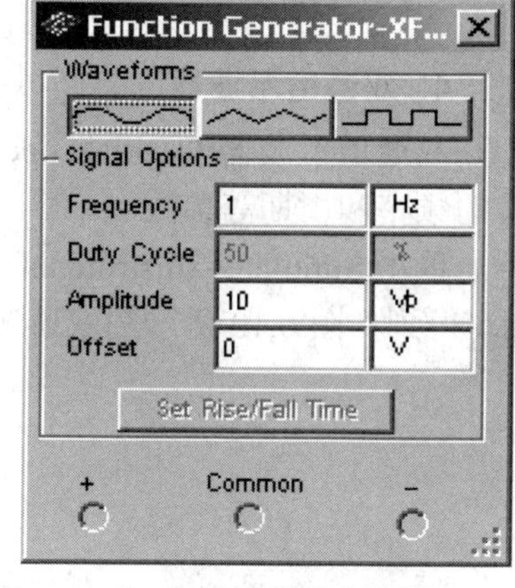

(b) 参数设置控制面板

图 6.7　函数信号发生器

图 6.7(b)中，上方的三个按钮用于选择输出波形，分别为正弦波、三角波和方波。

(1) Frequency：设置输出信号的频率。

(2) Duty Cycle：设置输出的方波和三角波电压信号的占空比。

(3) Amplitude：设置输出信号幅度的峰值。

(4) Offset：设置输出信号的偏置电压，即设置输出信号中直流成分的大小。

(5) Set Rise/Fall Time：设置上升沿与下降沿的时间。仅对方波有效。

(6) +：表示波形电压信号的正极性输出端。

(7) −：表示波形电压信号的负极性输出端。

(8) Common：表示公共接地端。

3. 瓦特表

瓦特表(Watmeter)用于测量电路的功率。它可以测量电路的交流或直流功率。

单击 Simulate→Instruments→Wattmeter，得到如图 6.8(a)所示的瓦特表图标。双击该图标，便可以得到如图 6.8(b)所示的瓦特表参数设置控制面板。该控制面板很简单，主要功能如下所述。

图 6.8(b)上方的黑色条形框用于显示所测量的功率，即电路的平均功率。

(1) Power Factor：功率因数显示栏。

(2) Voltage：电压的输入端点，从“+”、“−”极接入。

(3) Current：电流的输入端点，从“+”、“−”极接入。

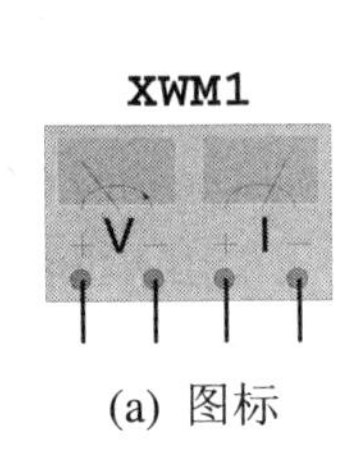

(a) 图标

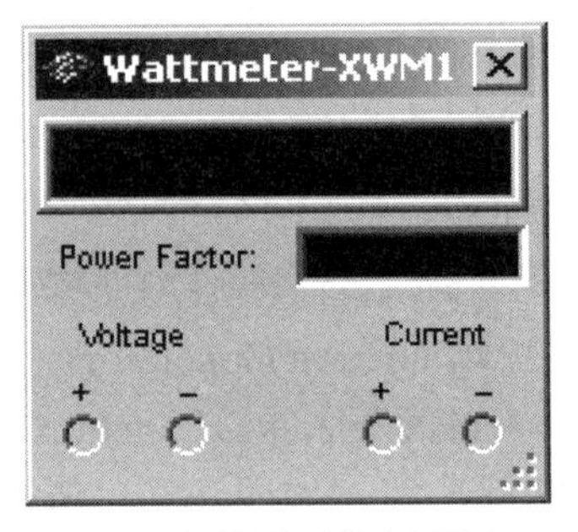

(b) 参数设置控制面板

图 6.8 瓦特表

4. 双通道示波器

双通道示波器(Oscilloscope)主要用来显示被测量信号的波形，还可以用来测量被测信号的频率和周期等参数。

单击 Simulate→Instruments→Oscilloscope，得到如图 6.9 所示的示波器图标。双击该图标，得到如图 6.10 所示的双通道示波器参数设置控制面板。该控制面板主要功能如下所述。

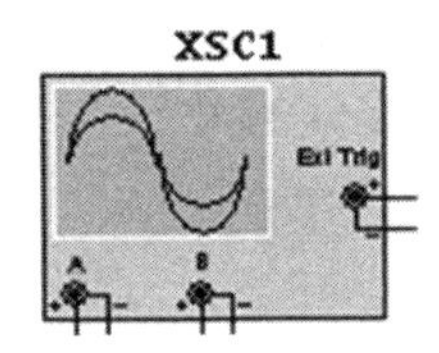

图 6.9 示波器图标

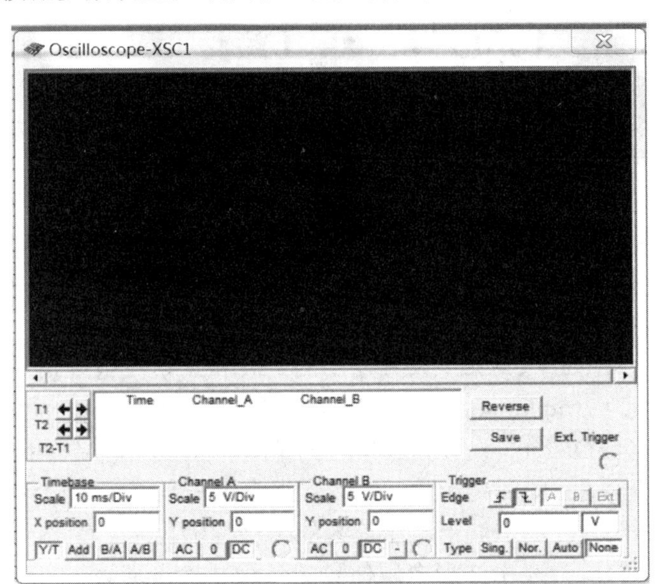

图 6.10 双通道示波器参数设置控制面板

双通道示波器的面板控制设置与真实示波器的设置基本一致，一共分成 3 个模块的控制设置。

1) 时间轴(Timebase)模块

时间轴模块主要用来进行时基信号的控制调整。其各部分功能如下所述。

(1) Scale：X 轴刻度选择。控制在示波器显示信号时，横轴每一格所代表的时间。单位为 ms/Div。范围为 1Ps～1000Ts。

(2) X position：用来调整时间基准的起始点位置，即控制信号在 X 轴的偏移位置。

(3) Y/T 按钮：选择 X 轴显示时间刻度且 Y 轴显示电压信号幅度的示波器显示方法。

(4) Add：选择 X 轴显示时间以及 Y 轴显示的电压信号幅度为 A 通道和 B 通道的输入电压之和。

(5) B/A：选择将 A 通道信号作为 X 轴扫描信号，B 通道信号幅度除以 A 通道信号幅度后所得信号作为 Y 轴的信号输出。

(6) A/B：选择将 B 通道信号作为 X 轴扫描信号，A 通道信号幅度除以 B 通道信号幅度后所得信号作为 Y 轴的信号输出。

2) 通道(Channel)模块

通道模块用于双通道示波器输入通道的设置。

(1) Channel A：A 通道设置。

(2) Scale：Y 轴的刻度选择，控制在示波器显示信号时，Y 轴每一格所代表的电压刻度，单位为 V/Div，范围 1 pV～1000 TV。

(3) Y position：用来调整示波器 Y 轴方向的原点。

① AC：滤除显示信号的直流部分，仅仅显示信号的交流部分。

② 0：没有信号显示，输出端接地。

③ DC：将显示信号的直流部分与交流部分作和后进行显示。

(4) Channel B：B 通道设置；用法同 A 通道设置。

3) 触发(Trigger)模块

触发模块用于设置示波器的触发方式。

(1) Edge：触发边缘的选择设置，有上边沿和下边沿等选择方式。

(2) Level：设置触发电平的大小，该选项表示只有当被显示的信号幅度超过右侧的文本框中的数值时，示波器才能进行采样显示。

(3) Type：设置触发方式，Multisim10 中提供了以下几种触发方式。

① Auto：自动触发方式，只要有输入信号就显示波形。

② Single：单脉冲触发方式，满足触发电平的要求后，示波器仅仅采样一次。每按 Single 一次产生一个触发脉冲。

③ Normal：只要满足触发电平要求，示波器就采样显示输出一次。

下面介绍数值显示区的设置。

T1 对应着 T1 的游标指针，T2 对应着 T2 的游标指针。单击 T1 右侧的左右指向的两个箭头，可以将 T1 的游标指针在示波器的显示屏中移动。T2 的使用同理。当波形在示波器的屏幕稳定后，通过左右移动 T1 和 T2 的游标指针，可以简要地测量 A/B 两个通道各自波形的周期和某一通道信号的上升和下降时间。在图 6.10 中，A、B 表示两个信号输入通道，Ext Trigger 表示触发信号输入端，“－”表示示波器的接地端。在 Multisim10 中“－”端不接地时也可以使用示波器。

5. 频率计

频率计(Frequency Counter)可以用来测量数字信号的频率、周期、相位以及脉冲信号的上升沿和下降沿。

单击 Simulate→Instruments→Frequency Counter，得到如图 6.11 所示的频率计图标。双击该图标，便可以得到如图 6.12 所示的频率计内部参数设置控制面板。该控制面板中央共有 5 个部分。

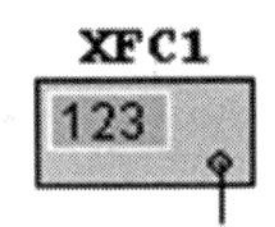

图 6.11 频率计图标

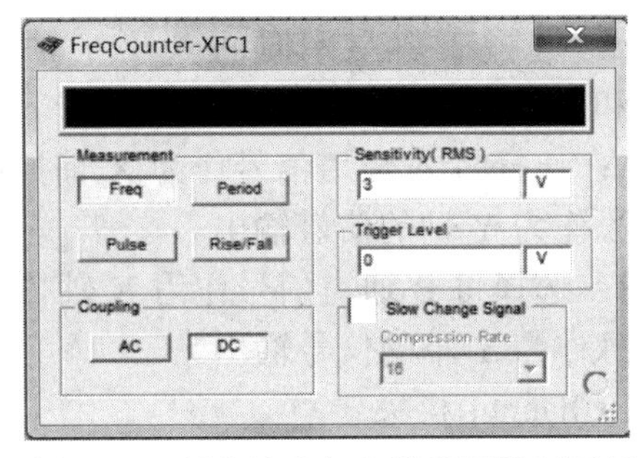

图 6.12 频率计内部参数设置控制面板

(1) Measurement 区：参数测量区。

① Freq：用于测量频率。

② Period：用于测量周期。

③ Pulse：用于测量正/负脉冲的持续时间。

④ Rise/Fall：用于测量上升沿/下降沿的时间。

(2) Coupling 区：用于选择电流耦合方式。

① AC：选择交流耦合方式。

② DC：选择直流耦合方式。

(3) Sensitivity(RMS)区：主要用于灵敏度的设置。

(4) Triggar Level 区：主要用于灵敏度的设置。

(5) Slow Change Signal 区：用于动态地显示被测的频率值。

6.3 Multisim10.0 电路建立过程

1．新建文件

打开 Multisim10.0 设计环境。选择“文件”→“新建”→“原理图”，即弹出一个新的电路图编辑窗口，在工程栏中同时出现一个新的名称。单击“保存”，将该文件命名并保存到指定文件夹下。

2．绘制电路图

在电路编辑窗口中选取电路元件，绘制电路图。Multisim10.0 为用户提供了丰富的元件和虚拟仪器仪表，用户可以方便地从各个工具栏中调用。元件工具栏上的每一个按钮都对应一个元件库，每一元件库里面放置着同一类型的元件，用户可以根据需求从相应的元件库中选取需要的元件。如果不知道要选取的元件属于哪个元器件库，可以执行放置(Place)菜单中的元件(Component)命令来调用元件，再通过双击元件对元件的参数进行设置。下面介绍几种常用电路元件的选取方法。

1) 直流电源的调用

单击元器件工具栏中的“信号源”选项，出现如图 6.13 所示的对话框。

(1) “数据库”选项中选择“主数据库”。

(2) “组”选项中选择“Sources”(源类)。

(3) “系列”选项中选择“POWER_SOURCES”(电源)。

(4) “元件”选项中选择“DC_POWER”(直流电源)。

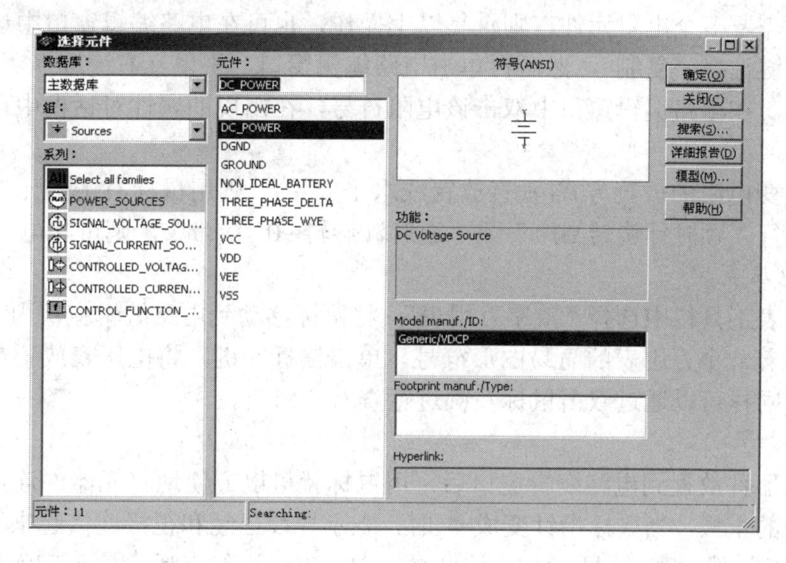

图 6.13　电源的调用

选择好电源符号后，单击“确定”按钮，移动鼠标到电路编辑窗口，选择放置位置后，单击鼠标左键即可将电源符号放置于电路编辑窗口中。放置完成后，还会弹出元件选择对话框，可以继续放置，单击“关闭”按钮可以取消放置。在电路编辑窗口中双击该电源符号，在出现的属性对话框中可以更改该电源的值。

2) 电阻的调用

单击元器件栏中的“基本器件库”，弹出如图 6.14 所示对话框。

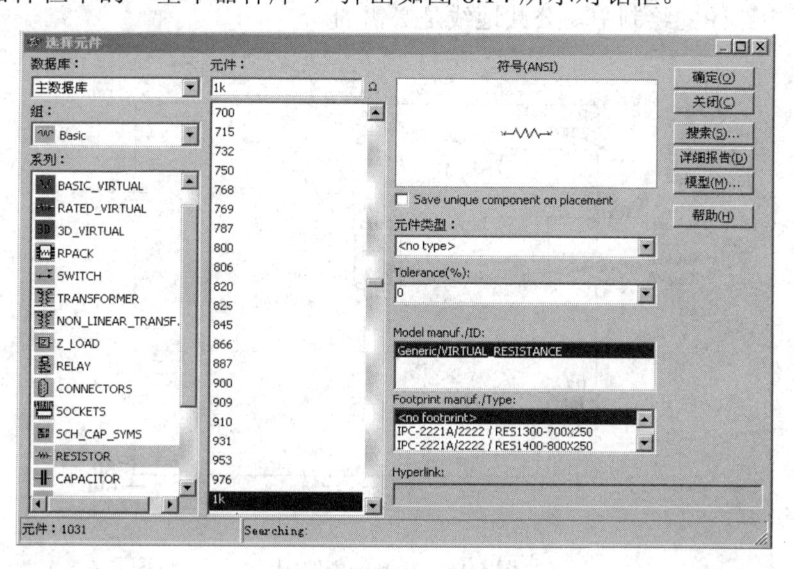

图 6.14　电阻的调用

(1) “数据库”选项中选择“主数据库”。

(2) “组”选项中选择“Basic”(基础类)。

(3) “系列”选项中选择“RESISTOR”(电阻)。

(4) “元件”选项中选择“1 k”。

若电路中需要多个电阻元件，则重复以上操作，也可在电路编辑窗口中选中该电阻元件，用鼠标右键选择“复制”，然后再单击电路编辑窗口，用鼠标右键选择“粘贴”，即可得到多个元件。在电路编辑窗口中双击该电阻符号，在出现的属性对话框中可以更改该元件的值。

如果要改变电阻的放置方式(垂直放置或水平放置)，则用鼠标右击该元件，在弹出的快捷菜单中执行“顺时针旋转 90°”或“逆时针旋转 90°”命令，则可将电阻旋转。

3) 放置电压表。

在仪器仪表工具栏中选择“数字万用表”，将鼠标移动到电路编辑窗口内，这时可以看到鼠标上跟随着一个万用表的简易图形符号。单击鼠标左键，将电压表放置在合适位置。电压表的属性同样可以通过双击鼠标左键进行查看和修改。

4) 连线

将电路元器件放置到电路编辑窗口后，用鼠标就可以方便地将元器件连接起来。将鼠标移动到电源的正极，当鼠标指针变成◆时，表示导线已经和正极连接起来了，单击鼠标将该连接点固定，然后移动鼠标到电阻 R1 的一端，出现小红点后，表示正确连接到 R1 了，单击鼠标左键固定，这样一根导线就连接好了，如图 6.15 所示。如果想要删除这根导线，将鼠标移动到该导线的任意位置，单击鼠标右键，选择“删除”即可将该导线删除。或者选中导线，直接按“Delete”键删除。

5) 放置公共地线

单击“信号源”→“元件”选项，选择“GROUND”，放置一个公共地线。然后，将各连线连接好，如图 6.15 所示。

注意：在电路图的绘制中，公共地线是必需的。

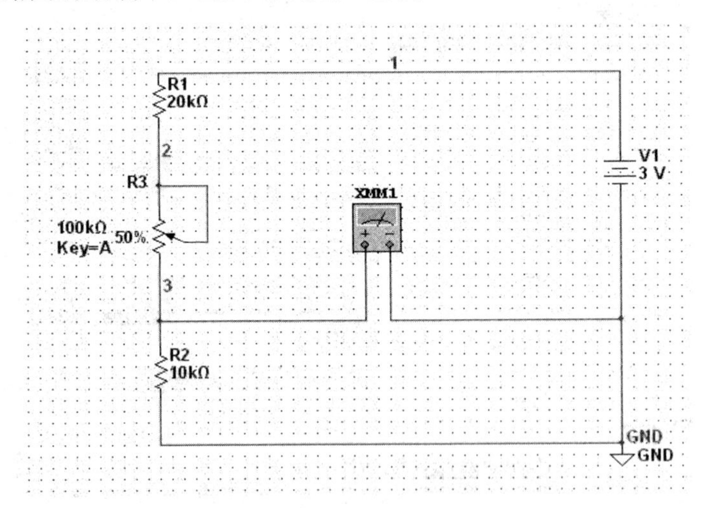

图 6.15　绘制的电路图

3. 电路仿真

(1) 电路仿真。电路连接完毕，检查无误后，就可以进行仿真了。单击仿真栏中的绿色开始按钮▶，电路进入仿真状态。双击图中的万用表符号，即可弹出如图 6.16 所示的对话框，在这里显示了电阻 R2 上的电压。

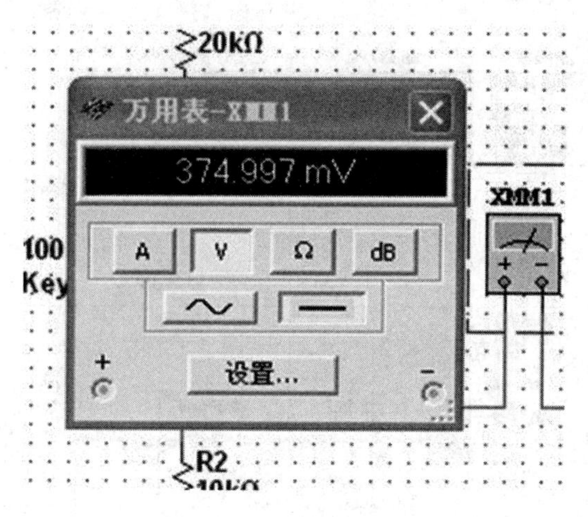

图 6.16 电压表测量电压

(2) 改变电路参数。如果要改变电路参数，一定要关闭仿真，并及时保存文件，然后再进行新的仿真。

6.4 Multisim10.0 应用实例

1．直流稳压电源的设计与仿真

1) *设计原理*

直流稳压电源可将 220 V、50 Hz 的工频交流电变换为直流电。它由电源变压器、整流电路、滤波电路、稳压电路四部分电路组成，它的原理框图如图 6.17 所示。

(1) 电源变压器：将电网供给的 220 V、50 Hz 交流电压 u_i 降压后，得到电路所需的交流低压。

(2) 整流电路：将交流电压变换成方向不变、大小随时间变化的单向脉动直流电压。

(3) 滤波电路：滤掉交流分量，减小整流电压的脉动程度，可得到比较平直的直流电压 U_I。

(4) 稳压电路：在交流电源电压波动或负载变动时，使直流输出电压 U_o 稳定。

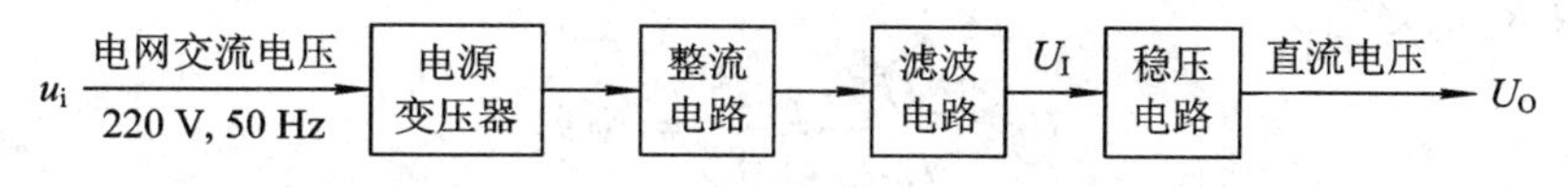

图 6.17 直流稳压电源组成的原理框图

2) *设计要求*

设计一个由变压器、单相桥式整流电路、电容滤波、三端集成稳压器组成的直流稳压电源，其输入电压为交流 220 V/50 Hz，输出电压为直流 15 V，最大输出电流为 500 mA。

3) *设计方法*

根据设计要求设计电路并选取电路参数，在电路窗口中建立的直流稳压电源仿真电路如图 6.18 所示。

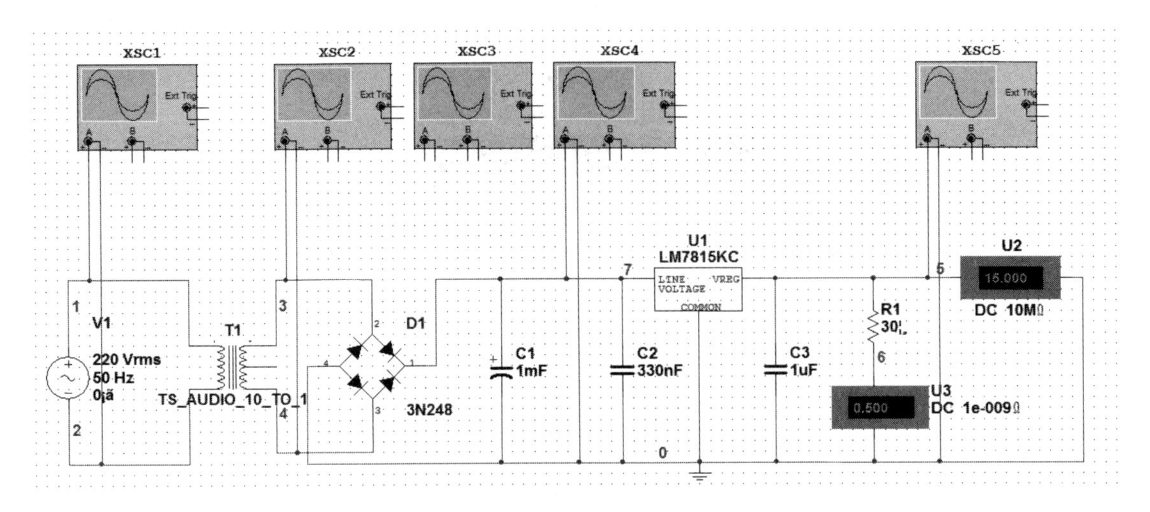

图 6.18　直流稳压电源仿真电路

因为要求输出直流电压为 15 V，最大输出电流为 500 mA，即 $U_o = 15$ V，$I_{omax} = 500$ mA。

(1) 变压器的选择。变压器副边电压理论值

$$U_2 = \frac{U_o}{1.2} = \frac{15}{1.2} = 12.5\ \text{V}$$

若考虑变压器工作时的损耗，则变压器副边电压实际值 $U_2' > 12.5$ V，本设计取 $U_2' = 22$ V，此时变压器变比

$$K = \frac{U_1}{U_2'} = \frac{220}{22} = 10$$

(2) 整流电压输出：

$$U_{o1} = 0.9U_2' = 0.9 \times 22 = 19.8\ \text{V}$$

整流二极管最大反向电压

$$U_{RM} = \sqrt{2}U_2' = \sqrt{2} \times 22 = 31.1\ \text{V}$$

因此，选择最大反向电压为 50～100 V 的 3N248 型二极管。

(3) 因为 $U_o = 15$ V，所以应选择三端集成稳压器 LM7815。

(4) 负载 R_L 的选择：

$$R_L \geqslant \frac{U_o}{I_{omax}} = \frac{15}{0.5} = 30\ \Omega$$

本设计选择 $R_L = 30\ \Omega$。

(5) C 滤波器的选择：$C \geqslant \dfrac{1.5 \sim 2.5}{R_L f} = \dfrac{1.5 \sim 2.5}{30 \times 50}$，$C \geqslant 1 \sim 1.67$ mF。

本设计选择 $C = 1$ mF。

4) 仿真运行

用示波器分别观察变压器副边波形、桥式整流后波形、滤波后波形以及经过稳压环节

后的波形。变压器副边电压波形如图 6.19 所示，桥式整流后电压波形如图 6.20 所示，滤波电压波形如图 6.21 所示，经过稳压环节后的波形如图 6.22 所示。

由各波形可见，设计的直流稳压电源仿真电路满足输出电压为直流 15 V，最大输出电流为 500 mA 的要求。

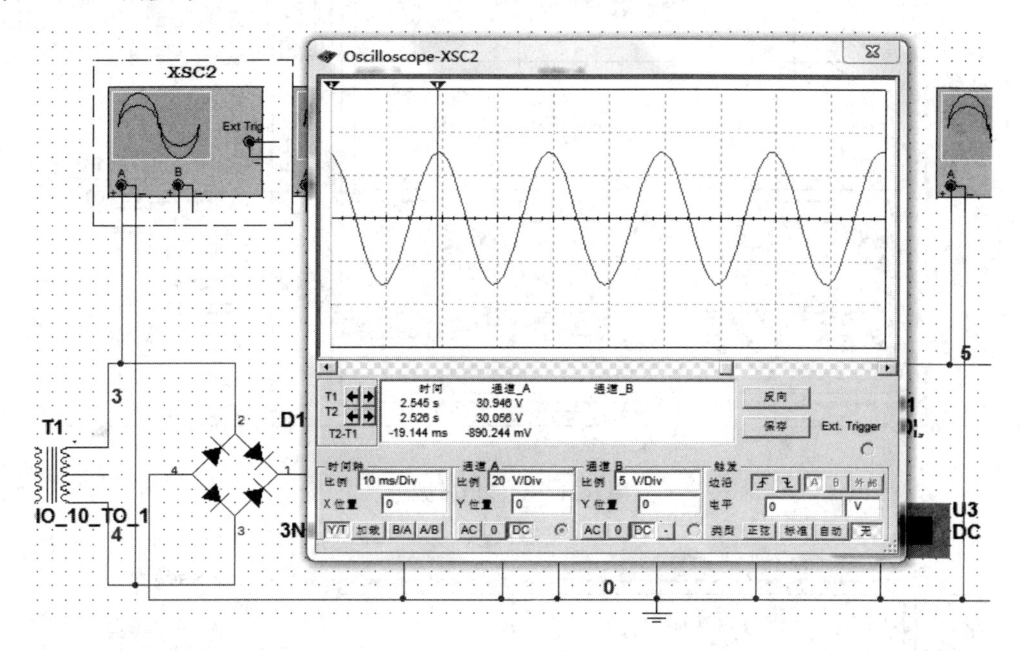

图 6.19　变压器副边电压波形

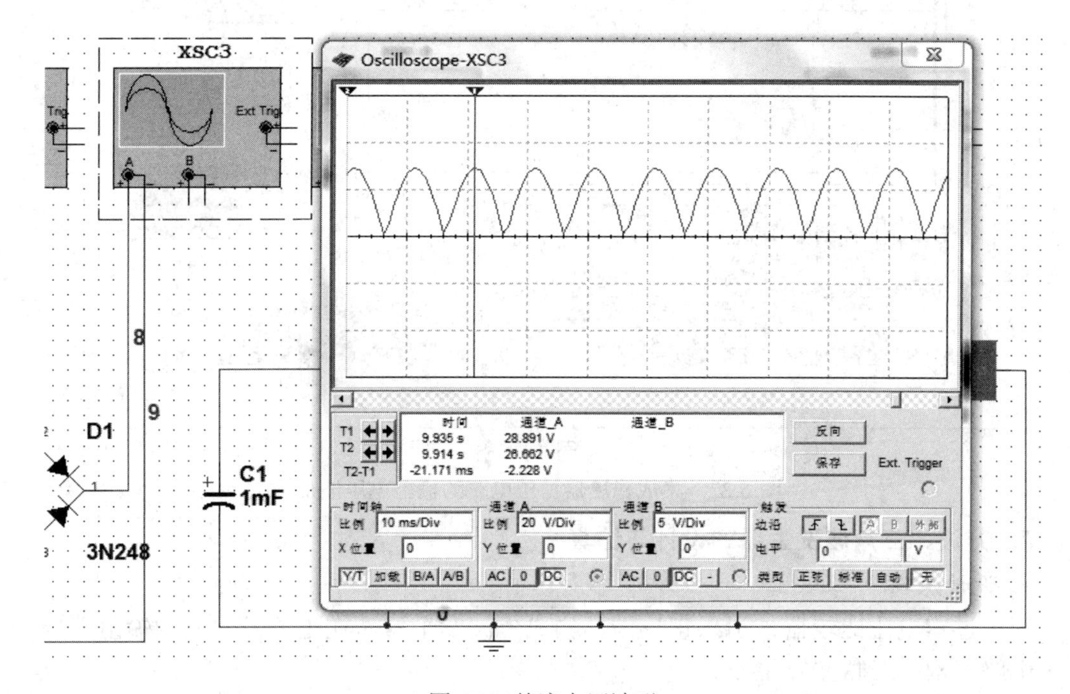

图 6.20 整流电压波形

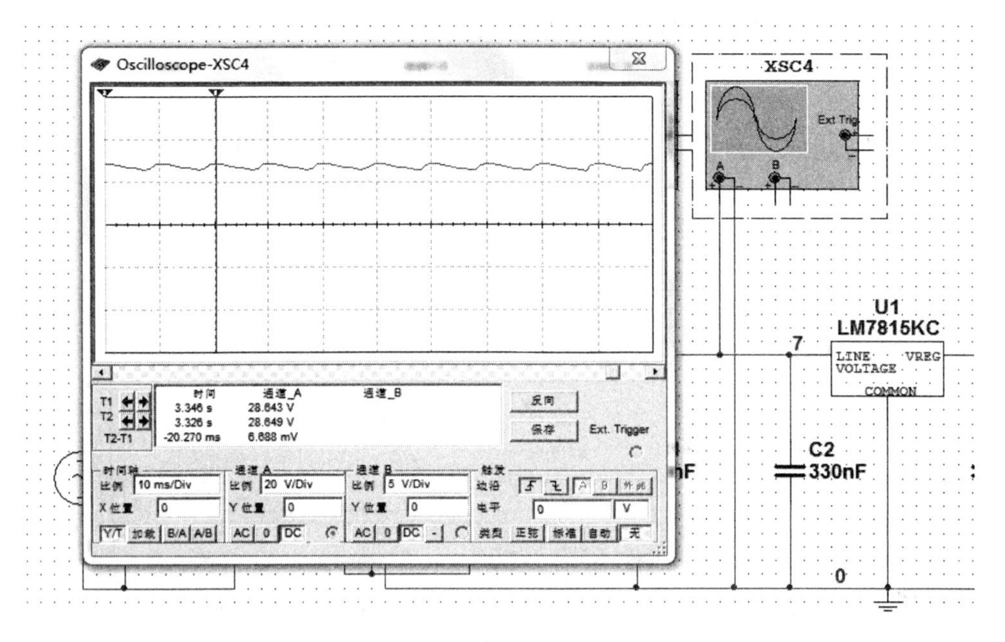

图 6.21　滤波电压波形

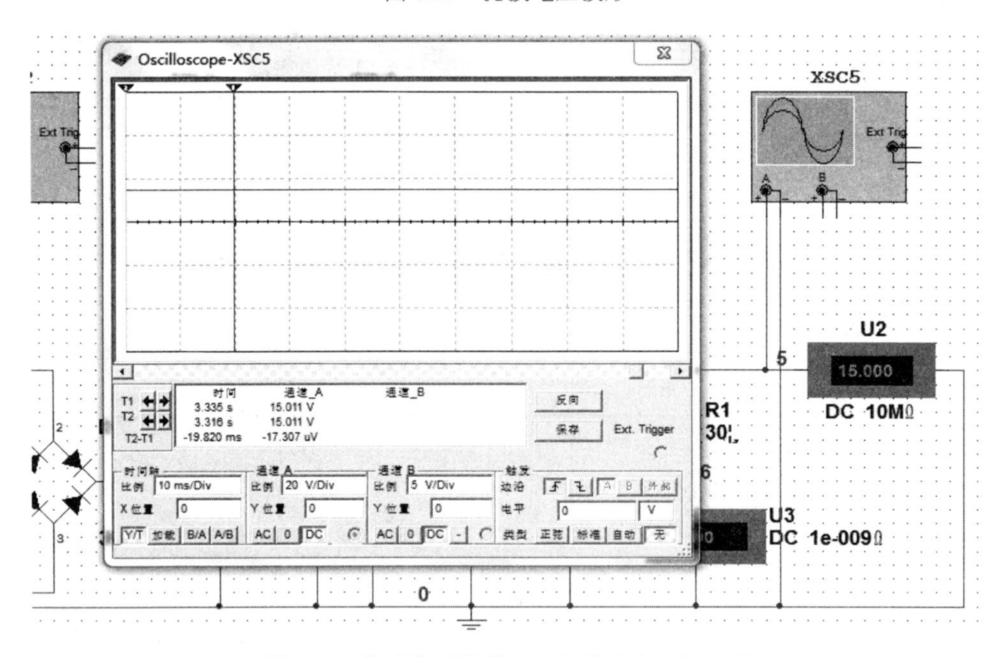

图 6.22　集成稳压器稳压电路的输出电压波形

2．方波、三角波发生器的设计与仿真

1) 设计原理

利用过零电压比较器，引入正反馈，构成方波发生器，在方波发生器的输出端接一个积分电路，构成三角波发生器。

2) 设计要求

利用电压比较器、双向稳压管、积分电路构成该信号发生器，设计方波、三角波信号产生电路，要求方波幅值为 ±5 V，三角波最大幅值为 ±10 V，频率为 1000 Hz。该电路还可实现幅值、频率可调。

3) 设计方法

根据设计要求，设计电路并选取电路参数。在电路窗口中建立的方波、三角波发生器仿真电路如图 6.23 所示。

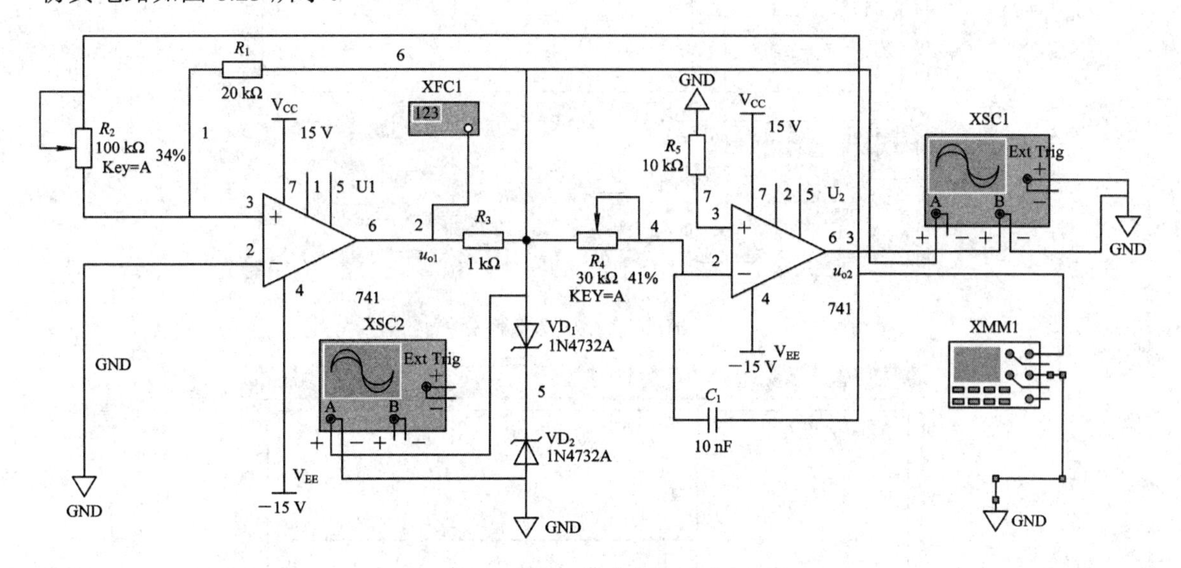

图 6.23　方波、三角波发生器仿真电路

方波、三角波发生器由两级运算放大器构成，由左边的运算放大器组成的电路是电压比较器，由右边的运算放大器组成的电路是积分电路。

方波幅值：$u_{o1}=\pm U_Z$

三角波最大幅值：$u_{o2m}=\pm\dfrac{R_2}{R_1}U_Z$

频率值：$f_0=\dfrac{R_1}{4R_2(R_3+R_4)C_1}$

设计要求选取的稳定电压为 5 V 的双向稳压管，因此本次设计选择 1N4732 型号稳压管，此时电压比较器的输出 $u_{o1}=\pm 5\text{ V}$。

选取 $R_1=20\text{ k}\Omega$，将 R_2 可调电阻调至 40 kΩ，则三角形波输出最大幅值

$$u_{o2m}=\pm\frac{R_2}{R_1}U_Z=\pm\frac{40}{20}\times 5=\pm 10\text{ V}$$

因为频率要实现可调，所以选取 $C_1=10\text{ nF}$，R_4 为可调电阻，当 R_4 调为 11.5 kΩ 时，根据频率值公式，频率可以调为 1000 Hz。

4) 接测试仪器并仿真

将两级运放的输出端接示波器，方波波形如图 6.24 所示，三角波波形如图 6.25 所示。

由各波形可见，设计的方波、三角波发生器仿真电路满足方波幅值为 ±5 V，三角波最大幅值为 ±10 V，频率为 1000 Hz 的要求，该电路还可实现幅值、频率可调。

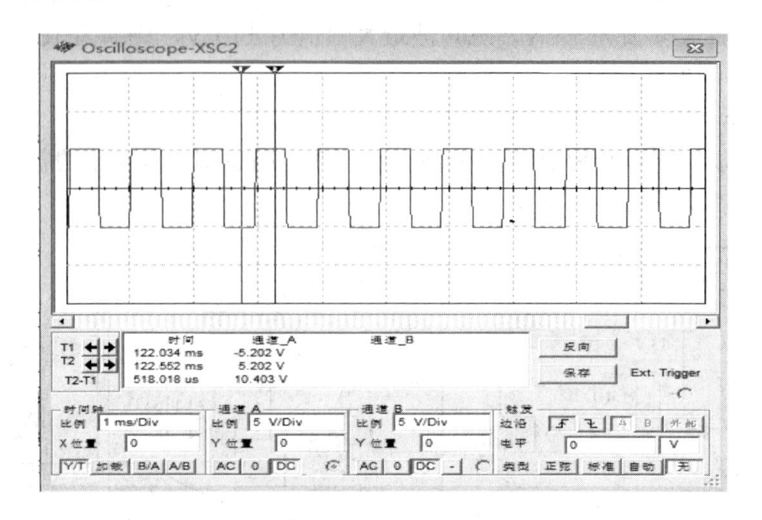

图 6.24　方波波形

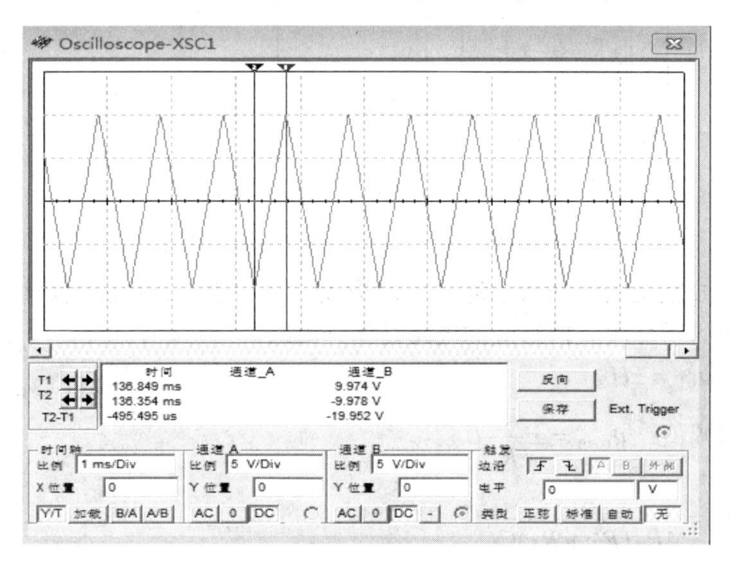

图 6.25　三角波波形

3．数字钟的设计与仿真

1) 设计原理

数字钟由数字集成电路计数器构成，由数码显示管显示。与传统机械表比，数字钟具有无机械传动装置、显示直观、走时准确的特点，广泛用于各公共场所。

2) 设计要求

数字钟显示应包括时钟、分钟、秒钟，并且能够进行进位显示，其中时钟为二十四进制，分钟、秒钟为六十进制计数器。

3) 设计方法

根据设计要求，选择合适的元器件，在电路窗口中建立的数字钟仿真电路如图 6.26 所示。

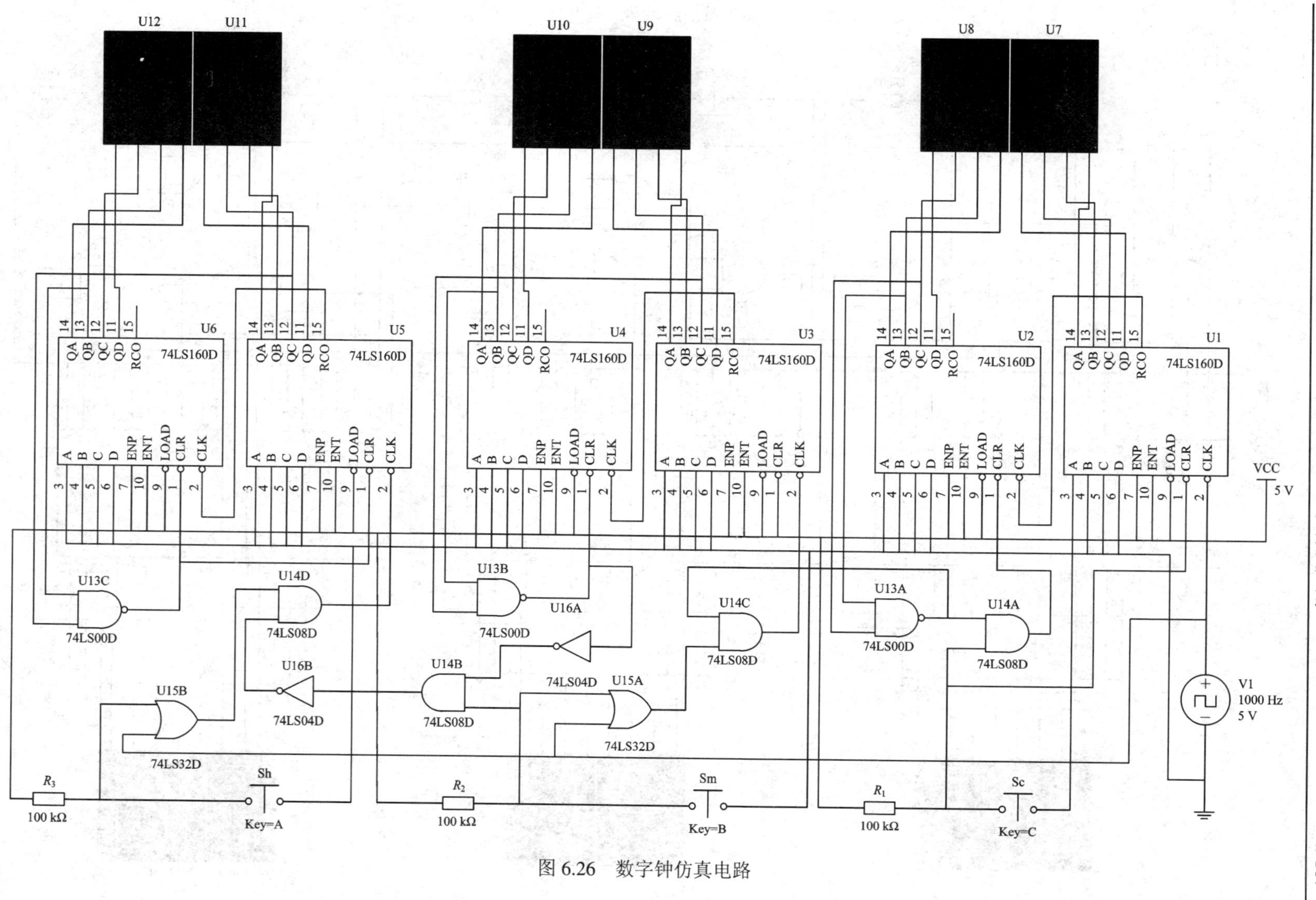

图 6.26　数字钟仿真电路

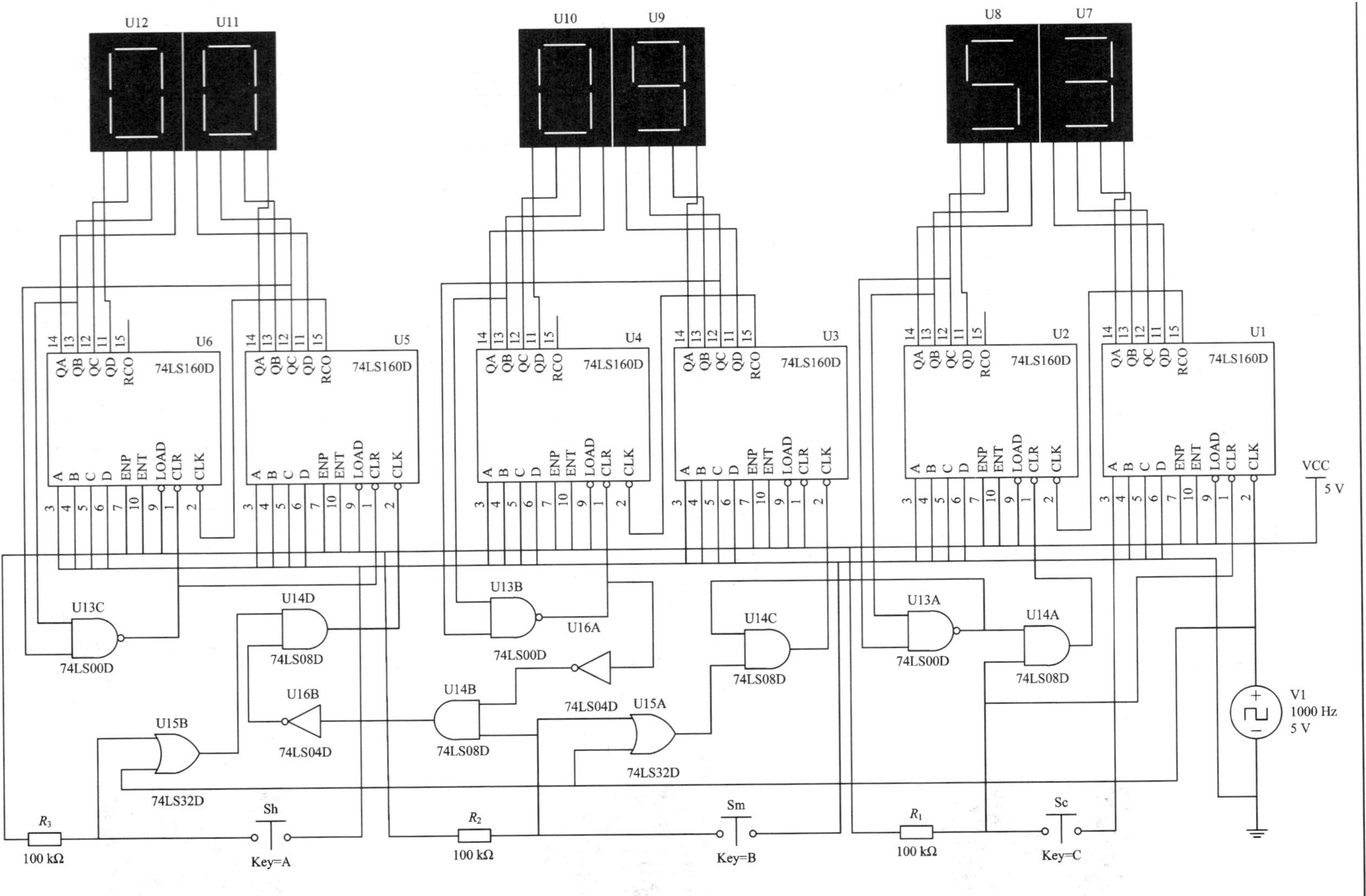

图 6.27 数字钟仿真结果

秒计数器和分计数器是六十进制，时计数器是二十四进制，均选用四位同步二进制计数器 74LS160 来实现，且采用反馈置零法实现。其中秒脉冲产生电路由时钟信号源代替。

秒计数器和分计数器均由两片 74LS160 串接而成，分别由两个数码管显示秒和分，左边数码管显示十位，右边数码管显示个位。十位由六进制计数器构成(十位的 74LS160 选择 Q_B 和 Qc 端做反馈端，经与非门输出至控制清零端 CLR)，个位是十进制计数器。个位对十位计数器进位控制是将个位计数器的进位输出端 RCO 接十位计数器的时钟信号输入端 CLK。十位计数器的反馈清零信号经非门输出，当计数器计数至 60 时，反馈清零的低电平信号输入 CLR 端，控制高位计数器的计数。

时计数器由两片 74LS160 串接而成，其个位和十位计数器都接成十进制计数形式。个位对十位计数器进位控制仍是将个位计数器的进位输出端 RCO 接十位计数器的时钟信号输入端 CLK。十位计数器的输出端 Q_B 和个位计数器的输出端 Q_C 通过与非门控制两片计数器的清零端 CLR，实现二十四进制递增计数。

按钮 A、B、C 将秒脉冲直接引入时、分、秒计数器，实现校时、校分、校秒功能。

4) *仿真运行*

仿真结果如图 6.27 所示。

启动仿真电路，可观察到数字钟的秒位开始计时，计数到 60 后复位为 0，并进位到分计时电路；然后数字钟的分位开始计时，计数到 60 后复位为 0，并进位到时计时电路。

4．4 人抢答器的设计与仿真

1) *设计原理*

抢答器是各种竞赛活动中重要的电子设备，根据设计要求的不同，可具有抢答、锁定、定时、复位、声光报警、屏幕显示、按键发光等多种功能。

2) *设计要求*

设计一个 4 人抢答器，要求某人按下抢答键时相对应的灯亮，优先抢答时具有互锁排他功能。

3) *设计方法*

根据设计要求，选择合适的元器件， 在电路窗口中建立的 4 人抢答器仿真电路如图 6.28 所示。

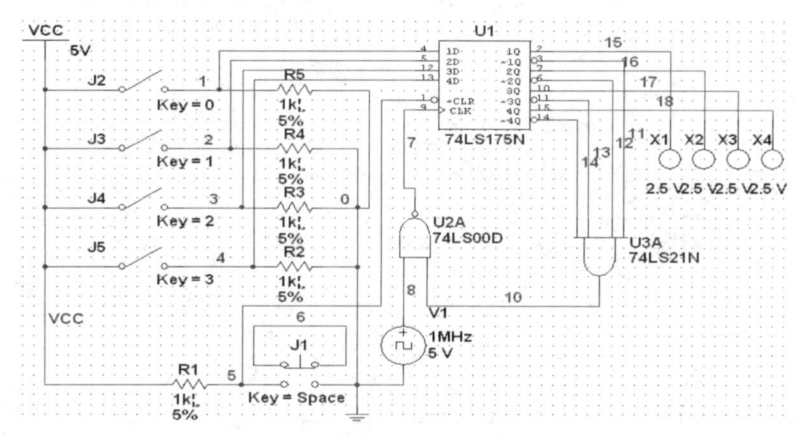

图 6.28　4 人抢答器仿真电路图

用 1 个时钟信号源、1 块四 D 触发器 74LS175(上升沿触发)、4 个开关(J2、J3、J4、J5)、1 个复位按钮 J1、1 个与非门 74LS00、1 个与门 74LS21、4 个灯组成 4 人抢答器。4 人的抢答按键分别用 J2、J3、J4、J5 来控制，复位开关用 J1 来控制，抢答器电路能识别出 4 人中哪一个最先按下按键，而随后到来的其他人的按键不做出相应，即具有互锁排他功能。

4) 仿真运行

当电路工作正常时，复位开关处于断开状态。当有人按下按键时，对应的灯亮，同时锁存信号，无论输入的状态如何改变，输出不再改变。

按下复位清零按钮，四 D 触发器 74LS175 的输出清零，4 个灯都不亮。

图 6.29 所示仿真结果：J2 闭合，对应的 X1 灯亮，表明 J2 抢答成功，随后 J3 闭合，仅 X1 灯亮，说明互锁成功。

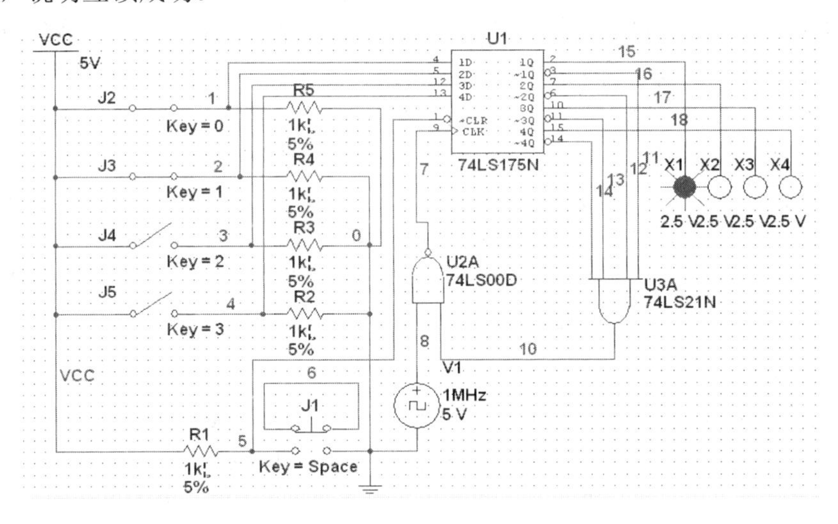

图 6.29　四人抢答器仿真结果

第 7 章　电工电子技术课程设计题目选编

7.1　电工技术课程设计题选

电工技术课程设计的题目包括两方面内容，一是电气控制线路的设计与计算，二是可编程控制器的应用。电气控制线路的设计与计算，按给出的设计要求，设计出电气控制原理图，计算电路参数并选出合适的元器件，按要求写出课程设计报告。可编程控制器的应用，按给出的控制要求设计出可编程控制器的梯形图，写出程序语句表，然后通过计算机编程，有条件的可以用通用实验箱做仿真实验。下面列举一些电工技术课程设计的题目。

1．锅炉上煤自动控制

1) 设备简介

锅炉上煤机是专门将煤运送到锅炉加热器中的设备。其工作过程：下煤时，空煤斗下降，到达预定位置，煤斗压迫行程开关而停止运行，由人工或装煤机械装煤，装煤完成后等待上煤。上煤时，煤斗上升，到达预定位置自动停止运行，煤斗通过机械作用自动翻斗，将煤卸入到锅炉加热器中。驱动电机为三相异步电动机，功率为 4 kW。

2) 设计要求

(1) 手动上煤和下煤，到达预定位置自动停止运行。

(2) 下煤停车时要求制动停车，减轻下煤行程开关的冲击力。

(3) 上煤途中煤斗始终压迫下煤行程开关，一旦离开立即自动停车，当煤斗途中翻倒时，能及时降下煤斗检修。

(4) 有电源指示灯和上煤、下煤指示灯，有电压、电流指示。

(5) 有总停控制和必要的短路、过载、失压保护功能。

3) 课程设计任务

(1) 设计锅炉上煤机的电气原理图并标注接线号。

(2) 计算电路参数，选出合适的元器件。

(3) 列出标准的元件清单。

2．全自动增压给水设备控制

1) 设备简介

全自动增压给水设备通过水压罐压力表测水箱压力，当水压不足时，自动向水箱加水；

当水压足够时，自动停止加水，确保水压满足用户需要。当水泵启动加水一段时间后，水压仍不正常，发出故障报警信号。水泵电机为三相异步电动机，功率 11 kW。

2) 设计要求

(1) 全压直接启动，单方向旋转。

(2) 水压罐压力表为具有上下限的电接点压力表。

(3) 水压不足时，自动加水，水压达到要求后，自动停止加水；加水 3 分钟后，水压仍未达到要求，点亮故障报警指示灯。

(4) 水压上下限均有指示显示，加水时水泵运行指示显示，有电源、电压、电流指示。

(5) 有自动和手动两种控制方式。

(6) 有总停控制和必要的短路、过载、失压保护功能。

3) 课程设计任务

(1) 设计全自动增压给水设备控制电气原理图并标注接线号。

(2) 计算电路参数，选出合适的元器件。

(3) 列出标准的元件清单。

3. C630 普通车床控制改进

1) 设备简介

普通车床是一种应用极为广泛的金属切削机床。C630 普通车床启动后，由操作手柄控制主轴的启动、停止、旋转方向，由变速箱控制主轴转速。电动机 M_1 拖动主轴旋转，并通过进给机构实现进给运动，电动机 M_2 拖动冷却泵供给冷却液。

2) 设备工艺要求

(1) 电动机 M_1 直接启动、能耗制动。电动机只有一个转向(正转)，反转由机械的换向机构来实现。电动机 M_1 应具有点动功能。

(2) 电动机 M_2 必须在主轴电动机启动后方可启动，电动机 M_2 为直接启动，自由停车。

(3) 电路应具有可靠的短路保护和过载保护。

(4) 有电源指示，主电机指示灯，冷却泵指示等，有电源电压表、电流表，便于及时发现设备故障。

3) 课程设计任务

(1) 设计 C630 普通车床的电气原理图并标注接线号。

(2) 计算电路参数，选出合适的元器件。

(3) 列出标准的元件清单。

4. 通风机监控系统

1) 设备简介

某喷漆车间生产线，在运行时要有送风系统，通过风力把喷到零件表面上的漆雾从空中带走或压入循环流动的水中而带走。此送风系统由三台电动机控制，每台电动机均为 10 kW，可单独工作也可同时工作。

2) 设计要求

(1) 每台电机应有相应的保护措施和总停控制。

(2) 电动机工作时要求有运行指示。若只有一台电机运行，绿灯亮；若有两台电机运行，黄灯亮；若三台同时运行，白灯亮；若三台电机均不工作，则红灯以亮一秒停一秒的方式不停的闪烁。

(3) 系统要求有电源指示、电流指示及电压指示。

3) 课程设计任务

(1) 设计通风机监控系统控制电气原理图并标注接线号。

(2) 计算电路参数，选出合适的元器件。

(3) 列出标准的元件清单。

5. 起重机的启动、制动电路设计

起重机、卷扬机等重型生产机械一般用绕线式电动机来带动。绕线式电动机在转子电路中接入大小适宜的电阻，不仅可以提高启动转矩，还可以减小转子的启动电流，随着电动机转速的升高，逐级切除转子所串联的电阻。所以绕线式电动机启动时转子一定要串入电阻，不可直接启动。在制动时，一般采用电磁抱闸将转子抱紧的方法实现。

1) 电动机的性能指标

电动机的性能指标如表 7-1 所示。

表 7-1　电动机的性能指标

名称	绕线式电动机 Y255M-4	名称	绕线式电动机 Y255M-4
额定功率 P_N/kW	45	$\cos\varphi$	0.88
额定电压 U_N/V	380	I_{st}/I_N	7
额定电流 I_N/A	84.2	T_{st}/T_N	1.9
额定转数 n_N/(r/min)	1470	T_{max}/T_N	2.2
效率 η/%	92.3		

2) 对控制电路的要求

(1) 某起重机电动机为两级转子串电阻启动，两级电阻分别为 R_1 和 R_2，启动时转子电路将串入电阻 R_1 和 R_2。

(2) 经延时，将 R_1 短接，再经延时，将 R_2 短接。

(3) 起重机上下运动要有可靠的互锁，避免电源相间短路。

(4) 起重机上下两极限位置要有可靠的限位保护，除电器的保护外，还应有机械的限位保护。(6)电路要有可靠的短路和过载保护。

3) 课程设计任务

(1) 设计起重机的电气原理图并标注接线号。

(2) 说明起重机电动机在下降重物时，电动机的转速为什么不会升高，致使下降重物的速度加快？

(3) 计算：

① 求出起重机电动机的额定转差率 S_N、启动电流 I_{st}、额定转矩 T_N、启动转矩 T_{st}、最大转矩 T_{max} 和额定的输入功率 P_1。

② 按起重机电动机每天工作 4 h 计算，一月消费的电能及应支出的电费(电费按每度 0.5 元计算)。

6. 电动机的顺序启动、统一停止电路设计

某生产机械有三台发动机，一台是主轴电动机，一台是工作台进给电动机，另一台为冷却泵电动机。主电动机为直接启动、能耗制动。进给电动机和冷却泵电动机均为直接启动、自由停车。

1) 电动机的性能指标

电动机的性能指标如表 7-2 所示。

表 7-2　电动机的性能指标

名　称	主轴电动机	进给电动机	冷却泵电动机
型号	Y255M-4	Y100L2-4	Y801-2
额定功 P_N/kW	50	4	1.2
额定电 U_N/V	380	380	380
额定电流 I_N/A	93.5	9.2	2.78
额定转数 n_N/(r/min)	1480	1430	2830
效率 η/%	92.3	82.5	77
$\cos\varphi$	0.88	0.80	0.85
I_{st}/I_N	7.0	7.0	7.0
T_{st}/T_N	1.9	2.0	2.0
T_{max}/T_N	2.2	2.2	2.2

2) 加工工艺对控制电路的要求

(1) 主轴电动机为直接启动、自由停车，它能正、反转，并且正、反转都可以点动。

(2) 进给电动机为直接启动、自由停车，它也可以正、反转，但不需要点动。

(3) 进给电动机必须在主轴电动机工作后方可启动，以避免主轴电动机不工作时，主轴上安装的刀具没有切削力被工件损毁。

(4) 进给电动机正转时拖动工作台向前运动，反转时拖动工作台向后运动，前后运动的自动转变靠安装在床鞍上的行程开关与工作台上的挡铁相互作用来实现。

(5) 冷却泵电动机为直接启动、自由停车，它也必须在主轴电动机启动后方可启动，因为主轴不工作时冷却没有意义。

(6) 设有信号显示，显示的信号为电源接通、进给电动机工作。

(7) 安装一盏 36 V 的照明灯。

(8) 控制电路为 380 V 供电，信号电路为 220 V 供电，照明电路为 36 V 供电。

(9) 主电路和控制、信号照明电路要有可靠的短路保护，主轴电动机和进给电动机要设有过载保护。

3) 课程设计任务

(1) 设计该生产机械的电气原理图并标注接线号。

(2) 编制电气元件目录表，写明序号、名称、型号、文字符号、用途、数量。

(3) 计算：

① 计算生产机械的 3 台电动机均满负荷工作后的线电流。

② 计算主轴电动机三相阻抗。

③ 计算主轴电动机的额定转矩 T_N。

7. 电动机的顺序启动、顺序停止电路设计

有很多生产机械不仅要求异步电动机启动时有顺序的过程，而且在停止时也要有顺序停止的要求。

1) 电动机的性能指标

某一生产机械有两台电动机，既主轴电动机 M_1 和进给电动机 M_2，这两台电动机启动的顺序是启动 M_1 后，方可启动 M_2。而停止时，只有先停止 M_1，才可以停止 M_2，按这样顺序，生产机械才能正常工作。电动机的性能指标如表 7-3 所示。

表 7-3　电动机的性能指标

名　称	主轴电动机 Y225M-4	进给电动机 Y112M-4	名　称	主轴电动机 Y225M-4	进给电动机 Y112M-4
额定功 P_N/kW	50	4.0	$\cos\varphi$	0.88	0.82
额定电压 U_N/V	380	380	I_{st}/I_N	7.0	7.0
额定电流 I_N/A	93.5	8.77	T_{st}/T_N	1.9	2.0
额定转数 n_N/ (r/min)	1480	1440	T_{max}/T_N	2.2	2.2
效率 η/%	92.3	84.5			

2) 加工工艺对控制电路的要求

(1) 主轴电动机 M_1 为直接启动、能耗制动。

(2) 主轴电动机只有一个转向，但可以点动。

(3) 进给电动机 M_2 为直接启动、自由停车。

(4) 进给电动机可以正、反转，正转时拖动工作台向前运动，反转时拖动工作台向后运动。

(5) 进给电动机必须在主轴电动机工作后方可启动，停止时，必须先停下进给电动机才可停下主轴电动机。

(6) 电路中要有完备的短路和过载保护。

3) 课程设计任务

(1) 设计该生产机械的电气原理图并标注接线号。

(2) 编制电器元件目录表，写明序号、名称、型号、文字符号、用途、数量。

(3) 计算：

① 计算生产机械工作时的线电流及电动机消耗的功率。

② 计算每天工作 8 h 的电能损耗及电费支出(每度为 0.5 元)。

8. 电动机的星—三角启动电路设计

异步电动机使用的是星—三角启动、反接制动方法，这种启动方法可以减小启动电流对电网的冲击，反接制动可以缩短制动时间。

1) 电动机的性能指标

某生产机械有两台电动机，即主电动机和工作台电动机。主轴电动机启动时绕组接成星形，每项绕组承受 220 V 电压，经延时将绕组接成三角形，每项绕组承受 380 V 电压，其性能指标如表 7-4 所示。

表 7-4　电动机的性能指标

名称	主轴电动机 Y132M-4	进给电动机 Y90L-4	名称	主轴电动机 Y132M-4	进给电动机 Y90L-4
额定功率 P_N/kW	7.5	1.5	$\cos\varphi$	0.85	0.79
额定电压 U_N/V	380	380	I_{st}/I_N	7.0	6.5
额定电流 I_N/A	15.4	3.65	T_{st}/T_N	2.2	2.2
额定转数 n_N/(r/min)	1440	1400	T_{max}/T_N	2.2	2.2
效率 η/%	87	79			

2) 加工工艺对控制电路的要求

(1) 主轴电动机启动时绕组接成星形，经延时将绕组接成三角形。

(2) 主电动机启动后方可启动进给电动机，进给电动机可以正、反转。

(3) 主轴电动机为反接制动。

(4) 工作台移动方向的改变靠挡铁安装行程开关实现，在工作台极限位置要有极限位置保护装置，避免发生事故。

(5) 进给电动机的正转或反转要有可靠的按钮互锁和触点互锁。

(6) 进给电动机为直接启动、自由停车。

(7) 安装一盏 36 V 的照明灯。

(8) 电路中要有完备的短路和过载保护。

3) 课程设计任务

(1) 设计该生产机械的电气原理图并标注接线号。

(2) 编制电器元件目录表，写明序号、名称、型号、文字符号、用途、主要技术参数、数量。

(3) 计算：

① 两台电动机都工作时的电网上的线电流 I_L。

② 在不考虑机械传动的损耗情况下，电源的输入功率是多少。

③ 主轴电动机可提供的额定转矩是多少？

9. 电动机的星—三角降压启动的可编程控制器电路设计

1) 继电器接触器控制的电气原理图

图 7.1 为星—三角降压启动控制电气原理图。

2) 工作原理

电动机正常工作时绕组接成三角形的异步电动机，为了减小启动时的电流，经常采用星—三角降压启动的方式。启动时将电动机的三相绕组接成星形，经延时后，绕组改接成三角形。

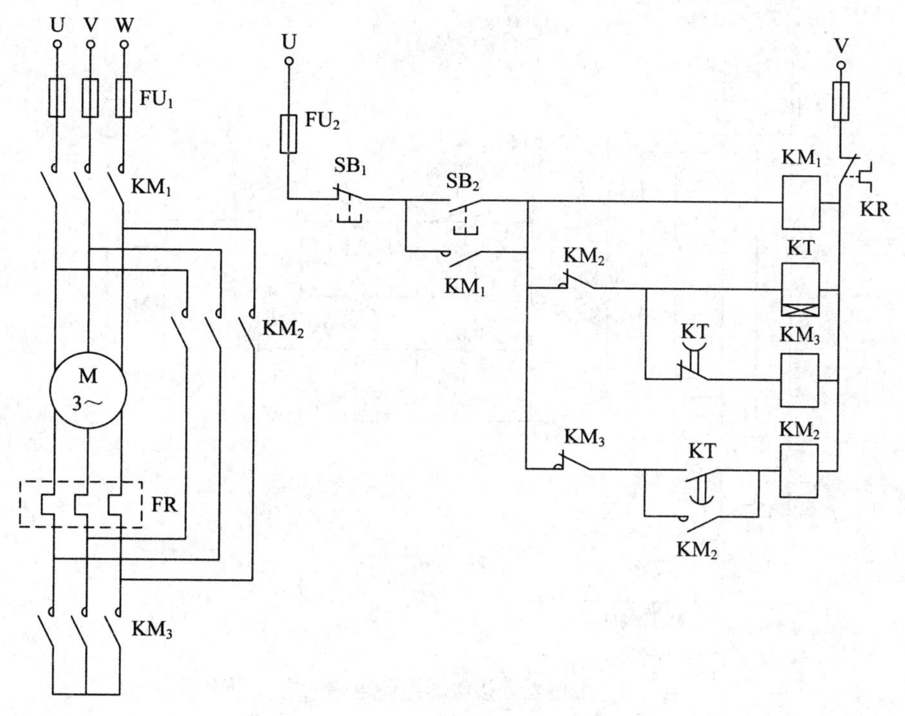

图 7.1 星—三角降压启动控制电路

按下启动按钮 SB_2，这时 KM_1、KM_3、KT 线圈同时通电，KM_1、KM_3 的主接触点闭合绕组接成星形启动。时间继电器 KT 经延时(可编程控制器设定为 2 s)后，KM_2 线圈得电，KM_2 的常闭触点断开，使 KM_3 线圈断电，中性点打开，KM_2 的主触点闭合，绕组改接成三角形，进入了正常运行。

正常运行后的时间继电器 KT 的作用已完成，为减少 KT 线圈的电能损耗，将 KM_2 的常闭触点串联在 KT、KM_3 线圈的通电回路里，KM_2 常闭触点断开，致使 KT 线圈断电。KT 线圈断电后，它的触点瞬时复位，为不使 KM_2 线圈断电，要用 KM_2 的辅助触点将 KM_2 线圈自锁。

3) 课程设计任务

(1) 设计用可编程控制器控制的外部接线图。

(2) 编制梯形图和指令语句表。

(3) 经审查合格后，接线通电试车。

10. 三相异步电动机反接制动的可编程控制器电路设计

1) 继电器—接触器控制电路的电气原理图

图 7.2 是继电器—接触器控制电路的电气原理图。

2) 工作原理

按下按钮 SB_2，KM_1 线圈通电，电动机直接启动，进入工作状态。假设电动机这时为正转，由于速度继电器与电动机的转子轴或生产机械的某根主轴是同轴连接。所以这时速度继电器 BV 常开触点已经闭合，为 KM 线圈通电的反接制动做好准备。当电动机要制动时，按下停止按钮 SB_1，它的常闭触点断开了 KM_1 线圈的通电回路，它的常开触点接通了

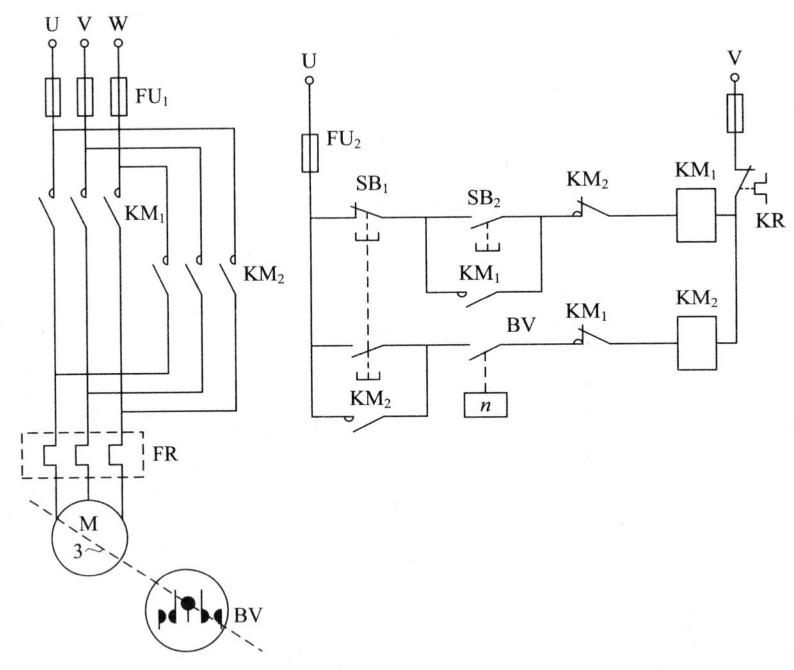

图 7.2 继电器—接触器控制电路的电气原理图

KM_2线圈的通电回路，电动机定子绕组的三相电源两相对调，产生反方向的旋转磁场。转子由工作时的正转转为迅速下降，当降至速度继电器的复位转速时，BV 的常开触点打开，使 KM_2线圈断电，反接制动结束。

3) 课程设计任务

(1) 根据继电器一接触器控制电路的电气原理图，设计出用可编程控制器控制的外部接线图。

(2) 编制梯形图和指令语句表。

(3) 经审查合格后，接线通电试车。

7.2 模拟电路课程设计题选

1. 数控直流稳压电源的设计

1) 设计任务与要求

设计并制作有一定输出电压调节范围和功能的数控直流稳压电源，要求如下：

(1) 输出直流电压调节范围为 5～15 V，纹波小于 10 mV。

(2) 输出电流为 500 mA，直流电源内阻小于 0.5 Ω。

(3) 输出直流电压能步进调节，步进值为 1 V。

(4) 由“+”、“−”两键分别控制输出电压步进增和减。

(5) 电源变压器只做理论设计。

2) 课程设计任务

(1) 根据上述要求选定设计方案，画出系统框图，写出详细的设计过程。

(2) 利用 EDA 软件画出一套完整的设计电路图，并列出所有的元件清单。

(3) 撰写课程设计报告。

2．浴室水温控制器

1) 设计任务与要求

设计一个简易浴室水温控制电路，该电路能够将水温控制在一个合适的范围内，同时可以通过手动实现对水温范围的改变。具体要求如下：

(1) 电路能够显示出电阻丝通电与否。

(2) 能对水温进行测量并指示读数。

(3) 电路能够对水温进行手动控制，控制范围为 0～100℃。

2) 课程设计任务

(1) 根据上述要求选定设计方案，画出系统框图，写出详细的设计过程。

(2) 利用 EDA 软件画出一套完整的设计电路图，并列出所有的元件清单。

(3) 撰写课程设计报告。

3．音响系统放大器

1) 设计任务与要求

设计一个音响系统语音放大器，放大器为前置放大器，电路的性能指标如下：

(1) 输入信号 $U_i \leqslant 5\ \text{mV}$，输入阻抗 $R_i \geqslant 100\ \text{k}\Omega$，共模抑制比 $K \geqslant 60\ \text{dB}$。

(2) 有源带通滤波器的频率范围为 300 Hz～3 kHz。

(3) 最大不失真输出功率 $P_{omax} \geqslant 5\ \text{W}$，负载阻抗 $R_L = 4\ \Omega$。

2) 课程设计任务

(1) 根据上述要求选定设计方案，画出系统框图，写出详细的设计过程。

(2) 利用 EDA 软件画出一套完整的设计电路图，并列出所有的元件清单。

(3) 撰写课程设计报告。

4．简易水塔水位控制电路

1) 设计任务与要求

设计一个简易水塔水位控制电路。该电路能够将水位控制在一个合适的范围内，同时可以通过手动实现对水位范围的改变。具体要求如下：

(1) 电路能够通过两个水泵实现对水位的控制。假定水位范围为 $t_1 \sim t_2$ ($t_1 < t_2$)，t 为实际水位。当 $t < t_1$ 时，两个水泵都放水；当 $t_1 < t < t_2$ 时，仅一个水泵放水；当 $t > t_2$ 时，两个水泵都关闭。

(2) 电路在 t_1、t_2 处不能出现跳闸现象，即水泵不能在短时间内反复在放水和关闭的状态之间转换。

(3) 电路能够显示出水泵的状态。

(4) 电路能够手动调节水位控制的范围。

2) 课程设计任务

(1) 根据上述要求选定设计方案，画出系统框图，写出详细的设计过程。

(2) 利用 EDA 软件画出一套完整的设计电路图，并列出所有的元件清单。

(3) 撰写课程设计报告。

5．声光控楼梯延迟灯

1) 设计任务与要求

设计一个简易声控延时照明灯电路，设计要求如下：

(1) 设计一个声光控楼梯延迟灯控制电路。

(2) 在白天光线较强时，灯自动封锁不亮。

(3) 一到傍晚，只要楼梯走道有人走动或有人谈话时，灯即点亮。

(4) 灯亮延迟数十秒后，又自动熄灭。

2) 课程设计任务

(1) 根据上述要求选定设计方案，画出系统框图，写出详细的设计过程。

(2) 利用 EDA 软件画出一套完整的设计电路图，并列出所有的元件清单。

(3) 撰写课程设计报告。

6．家用瓦斯报警电路

1) 设计任务与要求

设计一个简易瓦斯报警电路，要求如下：

(1) 电路能够检测出空气中是否含有天然气、煤气和液化石油气等危险气体。

(2) 电路当空气中危险气体的含量对人体有害时，能够通过声光报警形式自动进行报警。

(3) 电路当空气中危险气体的含量对人体有害时，可以自动切断危险气体源。

2) 课程设计任务

(1) 根据上述要求选定设计方案，画出系统框图，写出详细的设计过程。

(2) 利用 EDA 软件画出一套完整的设计电路图，并列出所有的元件清单。

(3) 撰写课程设计报告。

7．光控防盗报警电路

1) 设计任务与要求

设计一个简易光控防盗报警电路。该电路能够检测出是否有物体接近时所要保护的财产，并且当判定有物体接近时能够通过声光形式报警。同时在一段时间 t 后，自动喷洒出麻醉剂，并可调节时间 t 的长短。设计要求如下：

(1) 通过感应装置，能够检测出是否有物体接近时所要保护的财产。

(2) 判定有物体接近时，能够通过声光形式报警。

(3) 发出警报一段时间后，能够自动喷洒出麻醉剂。

(4) 根据需要，可以调节喷洒出麻醉剂的等待时间。

2) 课程设计任务

(1) 根据上述要求选定设计方案，画出系统框图，写出详细的设计过程。

(2) 利用 EDA 软件画出一套完整的设计电路图，并列出所有的元件清单。

(3) 撰写课程设计报告。

8．自来水开关控制电路

1) 设计任务与要求

设计一个简易自来水开关控制电路，设计要求如下：

(1) 通过感应装置，在人们需要用水的时候，自动打开自来水开关。

(2) 在打开自来水开关一段时间后，自动关断开关。

(3) 能够调节自来水开关打开的时间。

2) 课程设计任务

(1) 根据上述要求选定设计方案，画出系统框图，写出详细的设计过程。

(2) 利用 EDA 软件画出一套完整的设计电路图，并列出所有的元件清单。

(3) 撰写课程设计报告。

9. 自动干手电路

1) 设计任务与要求

设计一个简易自动干手电路，该电路能够在人们需要干手的时候，通过感应装置能够自动打开加热和吹风装置，并且在打开一段时间后，自动关断开关，从而起到节约用电的目的。设计要求如下：

(1) 能够通过感应装置，在人们需要干手时，自动打开加热和吹风装置。

(2) 在打开加热和吹风装置一段时间后，自动关断开关。

(3) 能够调节加热和吹风装置开关打开的时间。

2) 课程设计任务

(1) 根据上述要求选定设计方案，画出系统框图，写出详细的设计过程。

(2) 利用 EDA 软件画出一套完整的设计电路图，并列出所有的元件清单。

(3) 撰写课程设计报告。

10. 窗帘自动开闭电路

1) 设计任务与要求

设计一个简易窗帘自动开闭电路，该电路能够检测到光线的强弱，同时根据光线的强弱，自动将窗帘打开和关闭。设计要求如下：

(1) 能够通过感应装置，检测到光线的强弱。

(2) 根据光线的强弱，自动将窗帘打开和关闭。

(3) 能够在窗帘接触到边沿时，自动切断电源。

2) 课程设计任务

(1) 根据上述要求选定设计方案，画出系统框图，写出详细的设计过程。

(2) 利用 EDA 软件画出一套完整的设计电路图，并列出所有的元件清单。

(3) 撰写课程设计报告。

11. 双极性三极管放大倍数 β 检测电路

1) 设计任务和要求

设计一个简易双极性三极管(以下简称为三极管)放大倍数 β 检测电路，该电路能够检测出三极管放大倍数 β 的挡位，同时可以通过手动实现对挡位的改变。设计要求如下：

(1) 能够检测出三极管的类型，即是 NPN 型，还是 PNP 型。

(2) 至少能够将三极管放大倍数 β(从 0～∞)分为 8 个挡位。

(3) 能够手动调节 8 个挡位值的具体大小。

2) 课程设计任务

(1) 根据上述要求选定设计方案，画出系统框图，写出详细的设计过程。

(2) 利用 EDA 软件画出一套完整的设计电路图，并列出所有的元件清单。

(3) 撰写课程设计报告。

12. 温度监控装置的设计

1) 设计任务和要求

设计一个温度控制系统。当温度高于某一数值时，就必须驱动冷风机进行降温，同时进行报警。设计要求如下：

(1) 温度测量范围为 15～30℃，分辨力为 0.05℃。

(2) 温度控制范围为 20 ± 5℃，夏天使用，由本装置驱动冷风机降温。交流接触器线圈的工作电流为 100 μA。

(3) 报警指示，当温度大于 25℃时，用红灯报警。

2) 课程设计任务

(1) 根据上述要求选定设计方案，画出系统框图，写出详细的设计过程。

(2) 利用 EDA 软件画出一套完整的设计电路图，并列出所有的元件清单。

(3) 撰写课程设计报告。

13. 光电越限报警器的设计

1) 设计任务和要求

设计一个光电越限报警器。当有人超越规定的界限时，立即发出报警，就能引起人们的注意，有利于保护文物或减少事故。实用的光电报警器，需要有合适的光学系统，本课题仅要求设计电路系统，至于光学器件仅做模拟实验即可。设计要求如下：

有光照时，在一个 1/4 W、8 Ω 的喇叭上发出音频(1000 Hz 左右)报警信号，无光照时不发信号。

2) 课程设计任务

(1) 根据上述要求选定设计方案，画出系统框图，写出详细的设计过程。

(2) 利用 EDA 软件画出一套完整的设计电路图，并列出所有的元件清单。

(3) 撰写课程设计报告。

14. 函数发生器的设计

1) 设计任务和要求

设计一个函数发生器。要求采用运算放大器和各种无源元件，根据振荡原理和波形转换原理设计能灵活地产生不同波形的函数发生器。设计要求如下：

(1) 能输出频率 $f = 20$～2000 Hz 连续可调的正弦波、三角波和方波。

正弦波：输出电压峰-峰值 $U_{pp} = 3$ V，非线性失真小于 5%；

三角波：$U_{pp} = 5$ V；

方波：$U_{pp} = 14$ V。

(2) 能输出频率 $f = 20$～500 Hz 连续可调的矩形波和锯齿波。

矩形波：$U_{pp} = 12$ V，占空比为 50%～95%，连续可调；

锯齿波：$U_{pp} = 5$ V，斜率连续可调。

2) 课程设计任务

(1) 根据上述要求选定设计方案，画出系统框图，写出详细的设计过程。

(2) 分析工作原理，计算元件参数；安装调试所设计的电路，使之达到设计要求。

(3) 利用 EDA 软件画出一套完整的设计电路图，并列出所有的元件清单。

(4) 撰写课程设计报告。

15．双工对讲机设计

1) 设计任务与要求

设计一个对讲机，实现甲、乙双方异地有线通话对讲功能，要求如下：

(1) 元件采用集成运放和集成功放及电阻、电容等。

(2) 用扬声器兼作话筒和喇叭，双向对讲，互不影响。

(3) 电源电压选用 +9 V，输出功率大于等于 0.5 W，工作可靠，效果良好。

2) 参考电路

参考电路框图如图 7.3 所示。

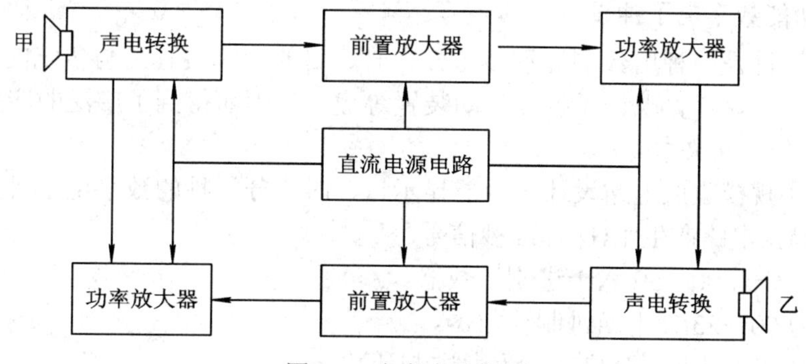

图 7.3　参考电路框图

3) 课程设计任务

(1) 根据上述要求选定设计方案，画出系统框图，写出详细的设计过程。

(2) 画出框图中的各部分电路，尽量选用各种集成运放和其他模拟集成电路。对各部分电路的工作原理应作出说明。

(3) 利用 EDA 软件画出一套完整的设计电路图，并简要地说明电路的工作原理。

(4) 撰写课程设计报告。

7.3　数字电路课程设计题选

1．智力竞赛抢答器

智力竞赛抢答器是一个非常经典的题目，当抢答开始后，许多参赛选手同时按下桌子上的按键，这时抢答器判定出第一个按下按键的选手，并显示在电子装置上。

1) 设计任务及要求

(1) 设计一个智力竞赛抢答器电路，有 4 个按键，可同时供给 4 名选手使用。

(2) 设置一个开关，具有系统清除和抢答控制的作用，此开关由主持人控制。

(3) 抢答器具有锁存和显示的功能，即参赛选手按下抢答键抢答，锁存按键编号并在数码管上显示。

(4) 抢答器具有定时抢答功能，一次抢答的时间为 10 秒，当主持人启动“开始”按键后，定时器进行倒计时。

(5) 若抢答有效，则定时器停止工作，显示器显示选手的编号和抢答时间，同时点亮绿色发光二极管，并保持到主持人将系统清除为止。

(6) 如果主持人未启动 “开始”按键，即有选手抢答，则属于提前抢答违规，此时点亮红色发光二极管以示警告。当抢答时间已过，仍无人抢答，则封锁所有按键，同时点亮红色和绿色发光二极管。

2) 课程设计任务

(1) 根据上述要求选定设计方案，画出系统框图，写出详细的设计过程。

(2) 画出完整的电路图，并列出所有的元件清单。

(3) 撰写课程设计报告。

2. 多功能数字电子钟设计

数字电子钟是一种用数字显示秒、分、时、日的计时装置，与传统的机械钟相比，它具有走时准确，显示直观、无机械传动装置等优点，因而得到了广泛的应用。

1) 设计任务及要求

用中、小规模集成电路设计一台能显示日、时、分、秒的数字电子钟，要求如下：

(1) 由晶振电路产生 1 Hz 标准秒信号。

(2) 秒、分为 00～59 六十进制计数器。

(3) 时为 00～23 二十四进制计数器。

(4) 周显示从星期一至星期日为七进制计数器。

(5) 可手动校时。只要将开关置于手动位置，可分别对秒、分、时、日进行手动脉冲输入调整或连续脉冲输入的校正。

(6) 整点报时。整点报时电路要求在每个整点前鸣叫五次低音(500 Hz)，整点时再鸣叫一次高音(1000 Hz)。

2) 课程设计任务

(1) 根据上述要求选定设计方案，画出系统框图，写出详细的设计过程。

(2) 画出完整的电路图，并列出所有的元件清单。

(3) 撰写课程设计报告。

3. 交通灯控制电路

1) 设计任务及要求

设计一个十字路口的交通信号灯控制器，要求东西方向和南北方向两条交叉道路上的车辆交替通行。具体要求如下：

(1) 在十字路口的两个方向上各设置一组红、黄、绿信号灯，红灯表示禁止通行，黄灯表示准备禁止通行，绿灯表示可以通行，黄灯是间歇闪烁。

(2) 每一个干道上设置通行时间为 15 秒，在绿灯转为红灯时，要求黄灯先亮 3 秒，以督促正在通过十字路口的车辆快速通过，并提示后来的车辆准备停车。

(3) 设置一组数码管，以倒计时的方式显示允许通行时间，以便人们更直观地把握时间。

(4) 可以手动控制和自动控制。当一个方向上出现特殊情况，要求无条件立即通行，可按下手动控制开关，使这个方向上长通行，倒计时停止。当特殊情况结束后，按下自动控制开关，恢复正常状态。

2) 课程设计任务

(1) 根据上述要求选定设计方案，画出系统框图，写出详细的设计过程。

(2) 画出完整的电路图，并列出所有的元件清单。

(3) 撰写课程设计报告。

4. 数字频率计

本课题所设计的频率计是一种简单的、原理性的数字式频率测量专用仪器，可以测量多种形式的周期信号的频率。

1) 设计任务及要求

(1) 设计一个用于测量电压为 0.2～5 V，频率为 1～999 Hz 周期信号的数字频率计。

(2) 能够对 4 类周期性信号进行测量：正弦波、三角波、锯齿波、方波。

(3) 频率显示格式为 4 位十进制数，小数点自动定位，带单位指示灯。

(4) 量程有 4 个挡位，分别为×1、×10、×100、×1000 挡。

2) 课程设计任务

(1) 根据上述要求选定设计方案，画出系统框图，写出详细的设计过程。

(2) 画出完整的电路图，并列出所有的元件清单。

(3) 撰写课程设计报告。

5. 光控计数器

1) 设计任务及要求

设计一个利用光线的通断来统计进入实验室人数的光控计数器电路，基本要求如下：

(1) 设计两路光控电路，一路放置在门外，另一路设置在门里，当有人通过门口时(无论是进入或走出房间)，都会先触发一个光控电路，再触发另一个光控电路。根据光控电路产生触发脉冲的先后顺序，判断人员是进入还是离开实验室，当有人进入实验室时令计数器进行加 1 计数，当有人离开实验室时进行减 1 计数。

(2) 计数器的最大计数容量为 99，并用数码管显示数字。

(3) 有手动复位(清零)功能。

(4) 计数器每计一个数，发光二极管指示灯闪烁一次(或蜂鸣器鸣叫一次)。

2) 课程设计任务

(1) 根据上述要求选定设计方案，画出系统框图，写出详细的设计过程。

(2) 画出完整的电路图，并列出所有的元件清单。

(3) 撰写课程设计报告。

6. 峰值检测系统设计

1) 设计任务及要求

峰值检测系统用来实现波形的毛刺捕捉或占空比信号的检测、冲击信号峰值检测。要求如下：

(1) 用传感器和检测电路测量某建筑物的最大承受力。

(2) 传感器的输出信号为 0～5 mV，1 mV 等效于 400 kg。

(3) 测量值用数字显示，显示范围为 0000～1999。

(4) 峰值电压保持稳定。

2) 课程设计任务

(1) 根据上述要求选定设计方案，画出系统框图，写出详细的设计过程。

(2) 画出完整的电路图，并列出所有的元件清单。

(3) 撰写课程设计报告。

7. 数字温度计

1) 设计任务及要求

设计一个测试温度范围为 0～100℃的数字温度计。设计要求如下：

(1) 查阅资料选择合适的温度传感器。

(2) 设计温度测量电路(确定温度与电压之间的转换关系)。

(3) 设计温度显示电路(显示的数字应反映被测量的温度)。

(4) 画出数字温度计电路图，读数范围为 0～100℃，读数稳定。

2) 课程设计任务

(1) 根据上述要求选定设计方案，画出系统框图，写出详细的设计过程。

(2) 画出完整的电路图，并列出所有的元件清单。

(3) 撰写课程设计报告。

8. 密码电子锁

1) 设计任务及要求

密码电子锁不仅可以完成锁的功能，还具有多种功能，如记忆、识别、报警、兼作门铃等。设计一个密码电子锁，要求如下：

(1) 其密码为 8 位二进制代码，开锁指令为串行输入。

(2) 当开锁输入码与密码一致时，锁被打开。

(3) 当开锁输入码与密码不一致时，报警。报警鸣叫 1 分钟，停 10 秒钟后再重复出现。

(4) 报警器可以兼作门铃用，而门铃响的时间为 10 秒。

2) 课程设计任务

(1) 根据上述要求选定设计方案，画出系统框图，写出详细的设计过程。

(2) 画出完整的电路图，并列出所有的元件清单。

(3) 撰写课程设计报告。

9. 多路彩灯控制器

1) 设计任务及要求

多路彩灯控制电路能够自动控制多路彩灯按不同的节拍循环显示各种灯光变换花型，在实际生活中具有非常广泛的应用。设计一个多路彩灯控制器，用发光二极管 LED 模拟彩灯，实现对 8 路彩灯的控制，要求如下：

(1) 彩灯闪动频率有快慢两种。

(2) 8 路彩灯能演示 5 种花型(花型自拟)。

(3) 彩灯采用发光二极管 LED 模拟。

(4) 有复位清零开关。

2) 课程设计任务

(1) 根据上述要求选定设计方案，画出系统框图，写出详细的设计过程。

(2) 画出完整的电路图，并列出所有的元件清单。

(3) 撰写课程设计报告。

10．拔河游戏机

1) 设计任务及要求

设计一个模拟拔河游戏比赛的逻辑电路，要求如下：

(1) 使用 15 个发光二极管模拟绳子，开机后仅有中间的那一个发光二极管点亮。

(2) 游戏双方各持有一个按键，按键按动一次，亮点移动一次。

(3) 亮点移动的方向与按键快的一方一致。

(4) 点亮的发光二极管移到任一方的终点时，该方就获胜，此后双方的按钮都应无作用，状态保持。

(5) 当按动复位后，回到初始状态。

(6) 用七段数码管显示双方的获胜盘数。

2) 课程设计任务

(1) 根据上述要求选定设计方案，画出系统框图，写出详细的设计过程。

(2) 画出完整的电路图，并列出所有的元件清单。

(3) 撰写课程设计报告。

11．住院病人紧急呼叫系统

1) 设计任务及要求

设计一个住院病人传呼医务人员系统，具体要求如下：

(1) 一个病床有一个供病人呼叫的按键，病人按动按键，医务人员的值班室内将按病人拉动开关的先后，显示病床号和床位号。

(2) 病人呼叫后状态存在一组锁存器内，设计优先编码电路对锁存器内状态编码，根据病人病情设置优先级别，病情严重者优先。

(3) 同时用蜂鸣声提醒医务人员注意，蜂鸣声在医务人员按下应答按钮后停止。

(4) 系统能对一天内病人的呼叫次数按人进行统计。

2) 课程设计任务

(1) 根据上述要求选定设计方案，画出系统框图，写出详细的设计过程。

(2) 画出完整的电路图，并列出所有的元件清单。

(3) 撰写课程设计报告。

12．简易电话计时器的设计

1) 设计任务及要求

设计一个简易电话计时器电路，要求如下：

(1) 每 3 分钟通话计时一次。

(2) 数码管显示通话次数，最大为 99 次。
(3) 当电路发生走时误差时，有手动复位功能。
(4) 每 3 分钟通话，声音提醒。

2) 课程设计任务

(1) 根据上述要求选定设计方案，画出系统框图，写出详细的设计过程。
(2) 画出完整的电路图，计算元件参数并列出所有的元件清单。
(3) 撰写课程设计报告。

13. 温度测量与控制电路设计

1) 设计任务与要求

在工农业生产和科学研究中，经常需要对某一系统的温度进行测量，并能自动地控制、调节该系统的温度。设计温度测量与控制电路设计要求如下：

(1) 被测温度和控制温度均可数字显示。
(2) 测量温度为 0～120℃，精度为 ±0.5℃。
(3) 控制温度连续可调，精度为 ±1℃。
(4) 温度超过额定值时，产生声、光报警信号。

2) 课程设计任务

(1) 根据上述要求选定设计方案，画出系统框图，写出详细的设计过程。
(2) 画出完整的电路图，计算元件参数并列出所有的元件清单。
(3) 撰写课程设计报告。

14. 数控直流稳压电源设计

1) 设计任务与要求

设计一个数控直流稳压电源，其功能与主要技术指标如下：

(1) 输出电压：0～9.9 V，步进可调，调整步距为 0.1 V。
(2) 输出电流：小于等于 500 mA。
(3) 精度：静态误差小于等于 1%FSR，纹波小于等于 10 mV。
(4) 显示：输出电压值用 LED 数码管显示。
(5) 电压调整：由“+”、“−”两键分别控制输出电压的步进增减。
(6) 输出电压预置：输出电压可预置在 0～9.9 V 之间的任意一个值。
(7) 其他：自制电路工作所需的直流稳压电源，输出电压为 ±15 V、+5 V。

2) 课程设计任务

(1) 根据上述要求选定设计方案，画出系统框图，写出详细的设计过程。
(2) 画出完整的电路图，计算元件参数并列出所有的元件清单。
(3) 撰写课程设计报告。

15. 数控信号源设计

1) 设计任务与要求

设计一个数控信号源电路，其功能与主要技术指标如下：

(1) 信号频率：20 Hz～20 kHz，步进调整，调整步距为 1 Hz。
(2) 频率稳定度：优于 10^{-4}。

(3) 信号输出幅度：0.1 V～3.0 V，步进调整，调整步距为 0.1 V。

(4) 显示电路：用 5 位数码管显示输出信号频率，2 位数码管显示信号输出幅度。

(5) 信号波形要求：

① 正弦波信号：输出信号的谐波失真系数小于等于 3%。

② 三角波信号：波形要求为等腰三角形，其非线性系数小于等于 2%。

③ 矩形波信号：信号的上升和下降时间小于等于 1 μs；平顶降落小于等于 5%。占空比为 2%～98% 范围内步进可调，调整步距为 2%。

2) 课程设计任务

(1) 根据上述要求选定设计方案，画出系统框图，写出详细的设计过程。

(2) 画出完整的电路图，计算元件参数并列出所有的元件清单。

(3) 撰写课程设计报告。

参 考 文 献

[1] 秦曾煌. 电工学[M]. 7 版. 北京：高等教育出版社，2009.
[2] 唐介. 电工学(少学时)[M]. 4 版. 北京：高等教育出版社，2014.
[3] 严洁，刘沛津. 电工与电子技术实验教程[M]. 北京：机械工业出版社，2009.
[4] 刘沛津，韩行. 电工电子技术实验及实训教程[M]. 西安：西安电子科技大学出版社，2014.
[5] 陈明义. 电子技术课程设计实用教程[M]. 2 版. 长沙：中南大学出版社，2006.
[6] 毕满清. 电子技术实验与课程设计[M]. 3 版. 北京：机械工业出版社，2012.
[7] 陈光明. 电子技术课程设计与综合实训[M]. 北京：北京航空航天大学出版社，2007.
[8] 毛期俭. 数字电路与逻辑设计实验及应用[M]. 北京：人民邮电出版社，2006.
[9] 杨志忠. 电子技术课程设计[M]. 北京：机械工业出版社，2008.
[10] 李维. 数字电路课程设计及实验[M]. 大连：大连理工大学出版社出版，2008.
[11] 郭照阳. 电子技术与 EDA 技术课程设计[M]. 长沙：中南大学出版社，2010.